FARMING

农业种植系列读物

车艳芳　邢素丽　编著

温室大棚蔬菜栽培与病虫害防治技术

河北科学技术出版社

图书在版编目（CIP）数据

温室大棚蔬菜栽培与病虫害防治技术 / 车艳芳，邢素丽编著. -- 石家庄：河北科学技术出版社，2013. 12（2023.1重印）

ISBN 978-7-5375-6537-0

Ⅰ. ①温… Ⅱ. ①车… ②邢… Ⅲ. ①蔬菜-温室栽培②蔬菜-病虫害防治 Ⅳ. ①S626. 5②S436. 3

中国版本图书馆 CIP 数据核字(2013)第 269721 号

温室大棚蔬菜栽培与病虫害防治技术

车艳芳　邢素丽　编著

出版发行　河北科学技术出版社
地　　址　石家庄市友谊北大街 330 号(邮编:050061)
印　　刷　三河市南阳印刷有限公司
开　　本　910×1280　1/32
印　　张　7
字　　数　140 千
版　　次　2014 年 2 月第 1 版
　　　　　2023 年 1 月第 2 次印刷
定　　价　25. 80 元

Preface 序

推进社会主义新农村建设，是统筹城乡发展、构建和谐社会的重要部署，是加强农业生产、繁荣农村经济、富裕农民的重大举措。

那么，如何推进社会主义新农村建设？科技兴农是关键。现阶段，随着市场经济的发展和党的各项惠农政策的实施，广大农民的科技意识进一步增强，农民学科技、用科技的积极性空前高涨，科技致富已经成为我国农村发展的一种必然趋势。

当前科技发展日新月异，各项技术发展均取得了一定成绩，但因为技术复杂，又缺少管理人才和资金的投入等因素，致使许多农民朋友未能很好地掌握利用各种资源和技术，针对这种现状，多名专家精心编写了这套系列图书，为农民朋友们提供科学、先进、全面、实用、简易的致富新技术，让他们一看就懂，一学就会。

本系列图书内容丰富、技术先进，着重介绍了种植、养殖、职业技能中的主要管理环节、关键性技术和经验方法。本系列图书贴近农业生产、贴近农村生活、贴近农民需要，全面、系统、分类阐述农业先进实用技术，是广大农民朋友脱贫致富的好帮手！

中国农业大学教授、农业规划科学研究所所长
设施农业研究中心主任 张天柱

2013年11月

Foreword 前言

农业是国民经济的基础，是国家稳定的基石。党中央和国务院一贯重视农业的发展，把农业放在经济工作的首位。而发展农业生产，繁荣农村经济，必须依靠科技进步。为此，我们编写了这套系列图书，帮助农民发家致富，为科技兴农再做贡献。

本系列图书涵盖了种植业、养殖业、加工和服务业，门类齐全，技术方法先进，专业知识权威，既有种植、养殖新技术，又有致富新门路、职业技能训练等方方面面，科学性与实用性相结合，可操作性强，图文并茂，让农民朋友们轻轻松松地奔向致富路；同时培养造就有文化、懂技术、会经营的新型农民，增加农民收入，提升农民综合素质，推进社会主义新农村建设。

本系列图书的出版得到了中国农业产业经济发展协会高级顾问祁荣祥将军，中国农业大学教授、农业规划科学研究所所长、设施农业研究中心主任张天柱，中国农业大学动物科技学院教授、国家资深畜牧专家曹兵海，农业部课题专家组首席专家、内蒙古农业大学科技产业处处长张海明，山东农业大学林学院院长牟志美，中国农业大学副教授、团中央青农部农业专家张浩等有关领导、专家的热忱帮助，在此谨表谢意！

在本系列图书编写过程中，我们参考和引用了一些专家的文献资料，由于种种原因，未能与原作者取得联系，在此谨致深深的歉意。敬请原作者见到本书后及时与我们联系（联系邮箱：tengfeiwenhua@ sina. com），以便我们按国家有关规定支付稿酬并赠送样书。

由于我们水平所限，书中难免有不妥或错误之处，敬请读者朋友们指正！

编　者

CONTENTS
目 录

第一章 温室大棚蔬菜保护设施介绍

第二章 温室大棚瓜类蔬菜优质高产栽培技术

第四章　温室大棚绿叶菜蔬菜优质高产栽培技术

第五章 温室大棚豆类蔬菜优质高产栽培技术

第六章 温室大棚特种蔬菜优质高产栽培技术

第一章

温室大棚蔬菜保护设施介绍

第一节 温室大棚蔬菜简易保护地设施

一、风障

在蔬菜生产中应用最早的简易保护地设施就是风障，而且现在仍在应用。风障是用高粱秸、芦苇夹绑成，按一定的距离设置在菜田的北侧，呈东西方向延长，不仅能够起到减弱风速、稳定气流、改善小气候、增加光照强度的作用，还能使越冬的耐寒叶菜提早上市，加快育苗移栽的蔬菜生长发育速度，从而将生育期延长，提高产量。

（一）风障的设置

风障分为两种，即大风障和篱笆障。大风障的距离有 30 ~ 40 米，如果想达到更好的效果，可在各排大风障之间再设置 4 ~ 5 排篱笆障。近年来，由于高粱秸和芦苇比较短缺的缘故，大风障大部分用细竹竿绑成，用陈旧的塑料薄膜作披风，篱笆障也用细竹编成，夏季可以拆下来作为菜豆、豇豆、黄瓜等蔬菜的架材。

（二）风障的作用

设置风障的主要目的就是减弱风速，通常情况下，最佳的范围是风障高度的 1.5 ~ 2 倍，这样可以减弱风速约 15%。风越大，风障的效果就越明显，若在大风障前 5 ~ 6 米处再设置一道篱笆障，会起到更好的防风效果。风障的效果见表 1–1，表 1–2，表 1–3。

从表 1–1 可以看出：风障设置的排数越多，就越容易减弱风速。从表 1–2 和表 1–3 可以看出：距离风障越近，其增温的效果就越明显，但是也要因天气而异。例如，有风的晴天增温最多，而阴天则增温较少。因此，风障在蔬菜栽培上的提早作用是受条件限制的，有一定的限度。它所起到的效果主要表现为气流比较稳定，光照较长，地温较高，蔬菜的生长发育较快，能够获得早熟高产。

表 1–1　各排风障前不同位置风速（米/秒）

排数	距风障（米）					风障外
	1	2	3	4	5	
第一排	0.61	0.91	1.18	1.30	1.67	3.83
第二排	0.36	0.64	1.00	0.84	0.40	
第三排	0.00	0.13	0.48	0.38	0.20	
第四排	0.00	0.06	0.07	0.23	0.00	

表 1-2　风障各部位地表温度（℃）

部位（米）	有风晴天		无风晴天		阴　天	
	10 厘米地温	比露地增温	10 厘米地温	比露地增温	10 厘米地温	比露地增温
0.5	10.4	7.2	-0.2	2.1	0.0	0.6
1	8.8	5.6	-0.4	1.9	-0.4	0.2
5	5.5	2.3	-2.1	0.2	-0.5	0.1
10	2.8	-0.4	-2.3	0.0	-0.5	0.1
15	4.6	1.4	-2.0	0.3	-1.0	0.4
露地	3.2	——	-2.3	——	-0.6	——

表 1-3　风障前后冻土层深度

地　点	风障不同部位（米）	冻土层深度（厘米）
风障前	0.5	37.0
	1.0	43.0
	2.0	58.0
	4.0	72.0
	8.0	76.0
风障后	0.5	83.0
	1.0	96.0
露　地		76.0

最好在入冬前设置大风障，因为这样冻土层浅，到了春天土壤化冻比较快，能够促进越冬叶菜类早熟。

二、阳畦

在菜田将土做成框，然后在北面架起大风障，在风障前设置宽 1.8 ~ 2 米，长 10 ~ 20 米的阳畦，可根据地块的宽度，将多个阳畦连接成一排，钉桩挂线，按线划印，取出表土堆放一边，用底土来做框，北框比地面高出约 20 厘米，南框比地面高出约 5 厘米。做框时注意要分层夯实，切齐，在床面上挡上木杆，用塑料薄膜覆盖，夜间用草苫覆盖保温。阳畦可以进行蔬菜育苗，也能够进行速生蔬菜早熟的栽培（图 1–1）。

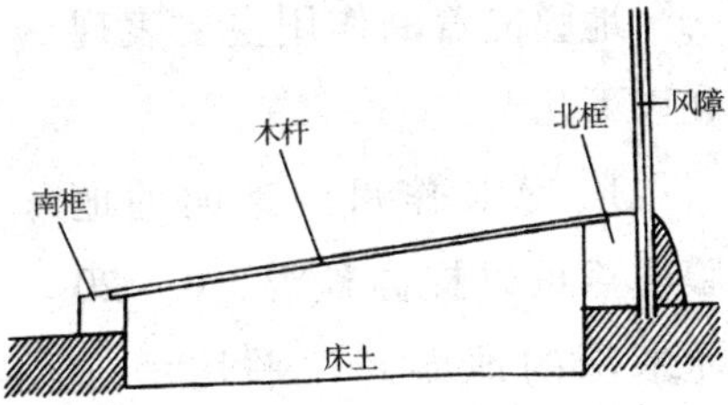

图 1–1　阳畦示意图

在阳畦的基础上，要加宽加高，在其后部筑起高约 1 米的土墙，在前面用竹片作拱杆，形成中部高约 1.3 米，宽 3 ~4 米的半拱形，用塑料薄膜覆盖，夜间用草苫覆盖，叫做改良阳畦，又叫小暖窖、立壕子（图 1–2）。它的采光、保温效果优于阳畦，而且可以进入内部操作，比较适合蔬菜育苗，矮棵果菜类蔬菜提早延晚栽培，耐寒叶菜类蔬菜的越冬栽培。

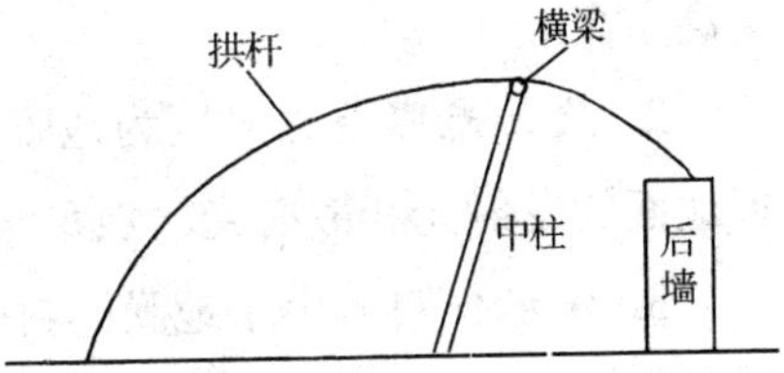

图 1–2　改良阳畦示意图

三、地膜覆盖

1978 年我国由日本引进了地膜覆盖技术，并推广应用。日本的地膜覆盖是利用高垄、高畦实行地面覆盖，因此，喜温蔬菜必须终霜后才能定植。我国通过试验，发明了改良地膜覆盖，利用高低埂畦和高畦沟栽，可以在终霜前约 10 天定植，先栽苗然后进行地膜覆盖，等到终霜后把秧苗引出膜外，这样就进一步提高了早熟效果。见图 1–3，图 1–4。

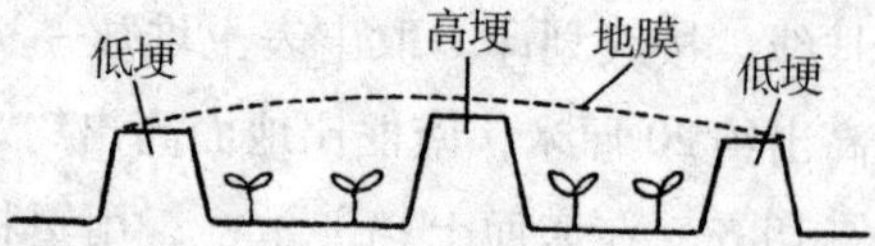

图 1-3　高低埂畦地膜覆盖示意图

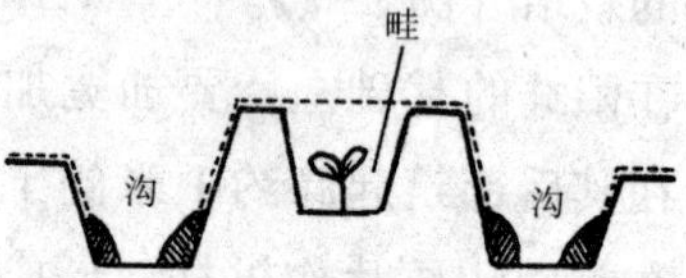

图 1-4　高畦沟栽地膜覆盖示意图

地膜覆盖的作用主要表现在以下几点：

1. 增温作用　透明的地膜覆盖可以提高地温，0～20厘米深的地温，日平均增加3～6℃。但是不同的天气和不同的覆盖方式，会产生不同的增温效应。一般来说，晴天温度增高多，阴天相对减少；增温效应明显的是高垄高畦。

2. 改善光照条件　因为地膜和膜下的水滴能够进行反射，促使近地面的发射光和散射光增强50%以上，有利于进行光合作用。

3. 保水作用　由于地膜的封闭作用，土壤的水分蒸发减少，这样便促进了土壤深层毛细管水向上层运动，使水分在地膜下形成内循环，使地面蒸发减少了，深层水分在上层积累，既减少了灌水量，还有利于雨季排水防涝。

4. 抑制盐碱危害　由于地面蒸发，土壤盐分会随水分的蒸发上升并且滞留在土壤表面和浅土层中。用地膜覆盖不但抑制了地面蒸发，阻止了深层土壤盐分向浅层运动和积累，而且由于土壤水分的内循环作用，降低了耕作层的土壤含盐量，通常情况下可下降53%～89%。

5. 防止肥水流失　地膜覆盖能够防止大雨造成的地面径流，防止造成肥水流失，提高了土壤肥料的利用率，节省了肥料。

6. 优化土壤理化性状　土壤在地膜覆盖下能够始终保持疏松状态，因此土壤微生物活动加强，促使有机肥加快分解，有利于作物的根系发育，提高了吸收功能。

7. 减轻病虫草害　覆盖地膜能够防止一些借风雨传播的病害以及部分虫害的发生，还可以防止土传病害的发生。覆盖银灰色地膜有很好的避蚜效果，能够防治蚜虫和由蚜虫引起的病毒病；若覆盖黑色地膜，可以闷死多种杂草。

四、遮阳网

在南方，遮阳网夏季可防强光、高温和暴雨，而在北方，遮阳网夏季应用于部分蔬菜的育苗，对于那些不耐强光的蔬菜，应用在盛夏高温强光季节，也能起到较好的效果。

（一）遮阳网的性能

遮阳网有银灰、黑、黄等颜色，它是由高密度聚乙烯拉丝编制而成，一般遮光率为35%～80%，具体规格见表1-4，表1-5。

表 1-4　遮阳网的型号与遮光率（%）

型　号	SZW-35	SZW-50	SZW-65	SZW-80
遮光率	35～56	50～65	65～80	>80

表 1-5　遮阳网的型号与力学性能（牛顿）

型　号	SZW-35	SZW-50	SZW-65	SZW-80
拉断力	纬向	>280	>380	>450
拉断力	经向	—	>180	—

（二）覆盖方法

可以在田间利用竹竿设置简易支架，或者，在炎夏撤下大、中棚的塑料薄膜，将遮阳网换上，等到秋天再重新换上塑料薄膜。对于日光温室夏季不休闲、连续进行生产且不耐强光的园艺作物，也可以用遮阳网。

五、温床

温床可在露地设置，也可在日光温室或塑料大棚中设置。它是在苗床的床土下加温而形成的，常用的温床有酿热温床和电热温床。

（一）酿热温床

苗床与阳畦的规格差别不大，只是苗床的长度比较短，但是深度增加了，方便装入酿热物（图1–5）。

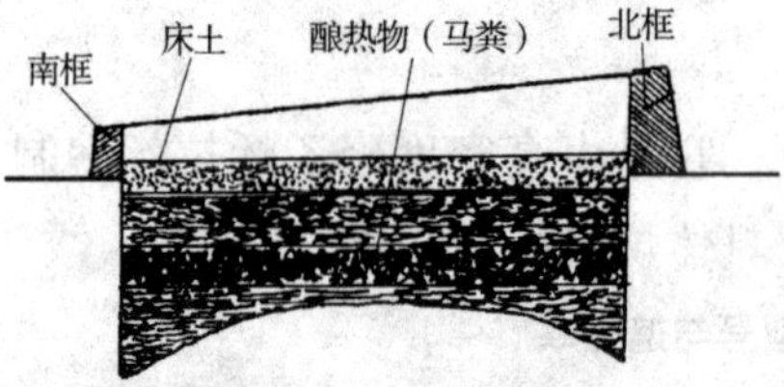

图1–5　酿热温床示意图

酿热温床是在一定的水分、温度和氧气的条件下，促进微生物分解有机物，从而产生热量，在酿热物上铺床土进行育苗。酿热物常用的是马粪和稻草，其比例为3∶1，也就是要用厚度约3厘米的稻草，10厘米左右的马粪。在棚室中踩入一层酿热物，如果是在露地则需踩两层酿热物。

首先要在床底铺乱稻草，用热水浇透，再铺上新鲜马粪，穿胶底鞋将其踩实，直到稍溢出水为止。如果马粪的含水量不足，可以喷上水后再踩。踩完后将塑料薄膜盖上，到夜间再盖草苫，白天即揭开草苫让其见光，经过4～5天酿热物发酵，温度会上升到30℃以上，然后再踩一遍就可以铺床土。

如果在露地设置酿热温床，由于四周受低温影响较重，所以为了保持床温一致，可将床底挖成覆锅形，以便利用酿热物填入量的多少，来调节温度。

（二）电热温床

电热温床（图 1–6）是在苗床的床土下铺设电热线，通电后使土温上升。每根电热线的长度为 80 ~ 160 米，每平方米苗床的设定功率是 80 ~ 100 瓦，可以做成 10 平方米的苗床。将苗床的两端钉上小木桩，把电热线按 10 厘米的间距，挂在小木桩上。挂线要由三个人进行操作，一个人拿着线往返于苗床两端，另外两个人在两端把

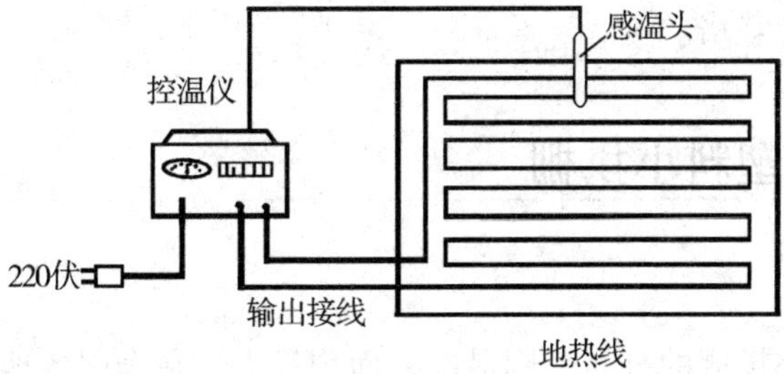

图 1–6　电热温床示意图

线挂在桩上，注意线要拉紧。挂完线后接上电源，等通电后检查没什么问题后再铺在床土上。接电源最好按说明书或请电工操作。

电热线与控温仪配套设置，能够自动控制温度。如果不设控温仪，可以在通电后用地温计实测床土温度，再根据温度决定通电还是断电。

第二节 温室大棚蔬菜塑料棚设施

塑料棚的发展始于20世纪60年代，它是一种保护地设施，塑料棚有大棚、中棚和小棚。在北方，塑料棚主要应用于蔬菜提早或延晚栽培上，在长江以南，大棚内扣小拱棚，再加上地膜覆盖，能够进行越冬栽培。

一、塑料小拱棚

塑料小拱棚的分布范围最广，面积最大，在全国各地普遍应用。

（一）小拱棚的规格结构

小拱棚的规格是：跨度为1～2米，高为0.6～0.8米，长为6～8米。一般用细竹竿、竹片或棉槐条，弯成拱形，将其两端插入土中，拱杆的间距为0.6～0.7米。覆盖上普通聚乙烯或聚氯乙烯薄膜，四周埋入土中踩实。

跨度为1米的小拱棚大多用细竹竿或棉槐条作拱杆，跨度为2米的小拱棚一般用竹片作拱杆，可以设一道横梁支撑拱杆以提高支撑的强度。见图1-7，图1-8。

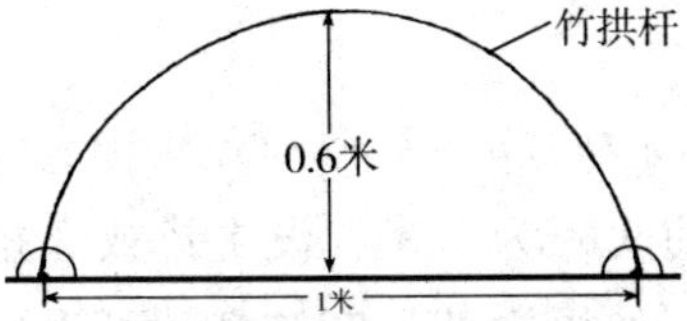

图 1-7　1 米小拱棚结构图

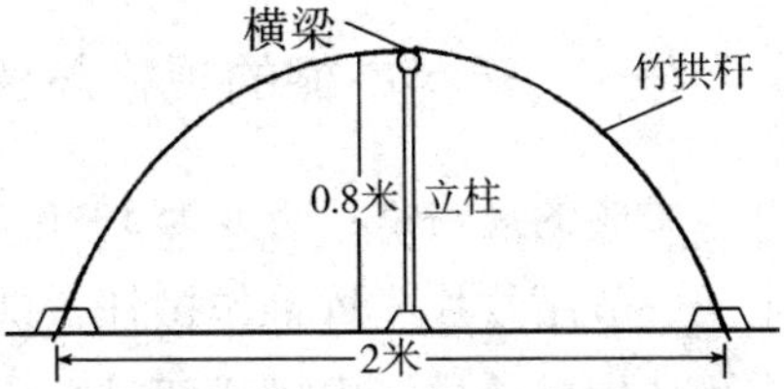

图 1-8　2 米小拱棚结构图

（二）小拱棚的应用及小气候特点

小拱棚主要应用于春季提早栽培蔬菜，可以在夜间覆盖草苫保温，将其当做移植床，培育蔬菜秧苗。小拱棚的空间很小，一般晴天时升温很快，夜间降温也快。如果遇到寒流强降温，棚内外的温差很小，在生产或育苗过程中，不但要防高温危害，还要防冻害。喜温蔬菜主要靠棚内较长时间的高温，生育迅速，从而获得早熟高产。因此，定植期的确定非常重要。

小拱棚属于短期的覆盖栽培。在蔬菜秧苗定植后，经过通风锻炼，如果外界温度条件适宜，可撤下小拱棚，转为露地栽培。由于蔬菜的种类比较多，因此对环境条件的要求差别也比较大，在早春，利用小拱棚可先扣耐寒蔬菜，经过一个阶段的生长后，再将小拱棚转扣到喜温的果菜类蔬菜上，这样就可以提高小拱棚的利用率，从而降低生产成本。

如果将小拱棚与风障配套设置，会起到更好的效果。

二、塑料中棚

塑料中棚是大小处在大棚和小棚之间的塑料棚，与大棚的区别只在大小的不同，一般大棚面积大多在 667 平方米左右，而中棚的面积只有大棚的 1/10～3/10。

（一）塑料中棚的规格与建造

中棚的规格是：跨度为5～6米，高为1.8～2米，长为10～30米。一般用竹片或竹竿作拱杆，拱杆的间距为1米，设1排或2排横梁，构成单排柱中棚或双排柱中棚。如果拱杆强度较高就可设单排柱，若强度较低就可设双排柱。

在拱杆上覆盖普通聚乙烯或聚氯乙烯薄膜，拱杆间用压膜线将薄膜压紧。见图1-9，图1-10。

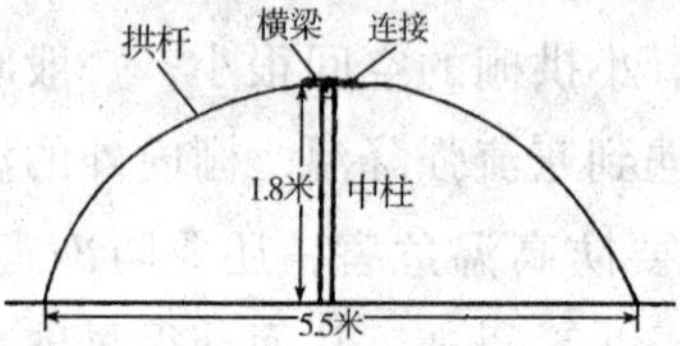

图1-9 单排柱中棚结构图

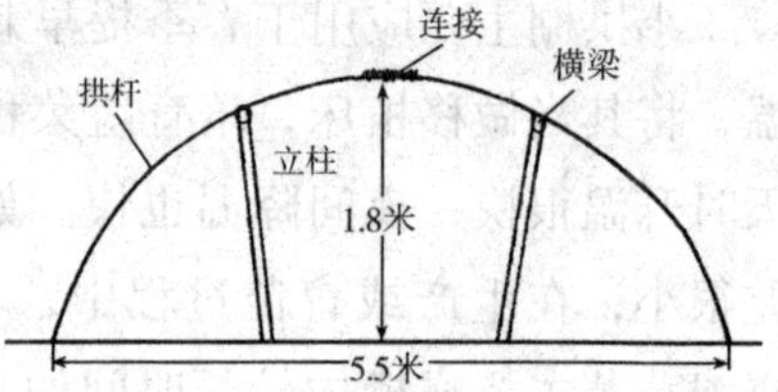

图1-10 双排柱中棚结构图

（二）中棚的性能

中棚的小气候类似于大棚的小气候，因为空间比较小，热容量也少，所以升温快，降温也快，保温的效果没有大棚好。我国南方的大棚在跨度上接近于北方的中棚，只是高度比北方的高。

中棚的造价较低，也便于构建，虽然提早延晚的栽培效果没有大棚好，但是因为面积小，可以利用草苫进行外覆盖保温，在北纬40°以南的地区，可以进行耐寒叶菜类蔬菜的越冬栽培。

三、塑料大棚

20世纪60年代中期，塑料大棚开始发展起来，面积大多在667平方米左右。到了70年代曾一度向大型联栋发展，后来各地相继出现了0.7～1公顷的钢骨架联栋大棚。从理论上讲，联栋大棚提高了土地利用率，相对来说降低了造价，使棚内热容量增加，提高了保温效果。但是通过生产实践发现，这样会导致冬季和早春排雪困难，到了夏季通风困难，气温难以降下来，生产效果不是很理想，实用性比较差，因此，进入20世纪80年代相继被淘汰了。80年代以来，北方大棚向667平方米的单栋发展，南方大棚多为200平方米左右，近年来也开始向667平方米左右的面积发展。

（一）大棚的规格结构

大棚的规格为：跨度为10～12米，中部高为2.2～2.6米，长为50～70米居多。骨架主要是竹木，有的是利用水泥预制柱的混合结构，也有的是用钢筋或钢管做成骨架，建成无柱大棚。

1. 竹木结构大棚 用直径为4～5厘米的竹竿作拱杆，间距为1米，设置了6排立柱支撑。在立柱上部距拱杆25厘米处，设拉杆。见图1-11。

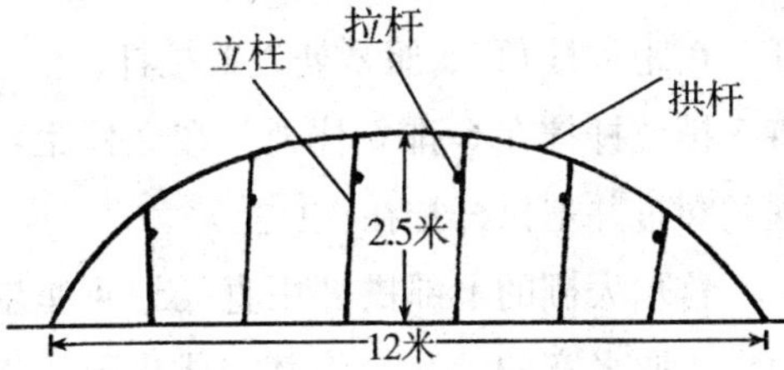

图1-11　竹木骨架大棚结构图

2. 悬梁吊柱竹木大棚　竹木结构的大棚，用小吊柱支撑拱杆，减少3/4立柱，可以适当地增加立柱和拉杆的强度。见图1-12。

3. 钢架大棚　应用最普遍的是钢管架大棚，因为不需要设立柱，而且建材的截面又比较小。优点是采光好，作业方便，有一点不足就是造价高，有条件建造的只有从事生产有较多盈余的专业户或者资金充足的单位。见图1-13。

图 1-12　竹木结构悬梁吊柱大棚

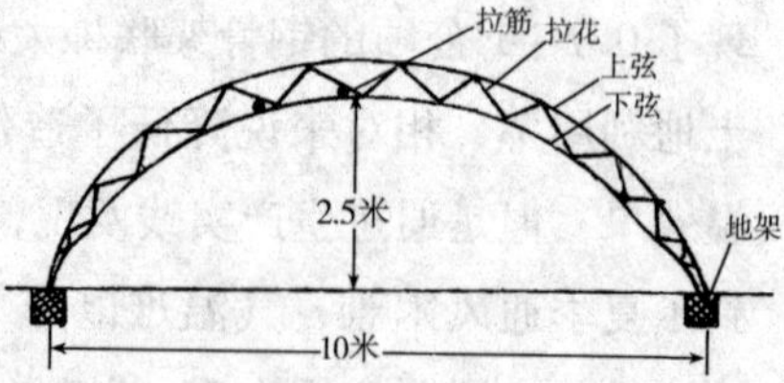

图 1-13　镀锌管架大棚剖面图

（二）竹木结构大棚的建造

建造竹木结构的大棚，规格为 667 平方米，跨度为 12 米，中部高为 2.6 米，长为 55 米，设置 6 排立柱，每个立柱的间距为 1 米，并且与拱杆的间距相同，纵向的间距为 1.7 米，中柱、腰柱垂直，边柱上端大约向外倾斜 80°。木杆立柱，基部埋入土中深约 30 厘米，为了避免拔起或下沉，可在柱脚 15 厘米处钉上长约 20 厘米的横木杆。在距离柱顶 25 厘米处设置拉杆，然后用木杆连接起来，用铁丝将 6 排拉杆拧在 6 排立柱上。在立柱距离顶端 5 厘米处钻孔，用细铁丝穿过并把拱杆拧在立柱上。

竹木大棚的上部拱杆用直径约 4 厘米的竹竿，边柱以上的拱杆用约 4 厘米宽的竹片，将其完成拱形，将下端插入土中，上端放在竹竿上，然后用塑料绳绑紧。

悬梁吊柱大棚，用直径 4 厘米，长 20 厘米的小吊柱，距两端 4 厘米处钻孔，穿过细铁丝，下端拧在柱杆上，上端拧在拱杆上。

大棚骨架在入冬前建成，春天覆盖塑料薄膜。先覆盖底脚围裙，用 1 米宽幅的薄膜，上边卷入塑料绳，烙合成筒，绑在各拱杆上，下边埋入土中。在围裙上覆盖一整块薄膜，薄膜的宽度应覆盖上部棚面后，两侧延过围裙 30 厘米，长度达到埋入大棚两端的土中。薄膜应选用普通聚乙烯薄膜，厚度 0.1 毫米。

薄膜的幅宽不够，可烙合连接，烙合的方法是用 4 ~5 厘米的松木棱固定在案子或支架上，把两幅薄膜边重叠放在木棱上，盖上牛皮纸，用500瓦电熨斗在牛皮纸上熨烫，使重叠处烙合。烙接后把薄膜从两边卷向中间。选无风天覆盖，先将卷起的薄膜放在棚顶上，向两边拉开，放到围裙上，两端拉紧，埋入棚两端土中踩实，在两根拱杆间用8#铁丝作压膜线，拴在地锚上拉紧。地锚用8#铁丝拴一块红砖，埋入土中30厘米深，地面上露出8#铁丝圈拴压膜线。竹木结构大棚用料见表1-6。

表1-6　竹木结构大棚用料表（667平方厘米）

材料名称	规格（厘米）	单位	数量	用　途	备　注
木杆	290×5	根	112	中柱	
木杆	260×5	根	112	腰柱	
木杆	180×5	根	112	边柱	
木杆	400×4	根	64	拉杆	
木杆	20×3	根	336	柱脚横木	
竹竿	600×4	根	112	拱杆	
竹片	400×4	根	56	底脚拱杆	截断用
门框		副	2		
板门		副	2		
木杆	400×4	根	30	固定底脚拱杆	防下沉
塑料薄膜	0.1毫米普通聚乙烯膜	千克	110	覆盖棚面	
塑料绳		千克	4	绑围裙、绑拱杆	
细铁丝	16#	千克	2	绑拱杆	
铁丝	8#	千克	50	压膜线	
钉子	3寸	千克	3		
红砖		块	108	拴地锚	

注：悬梁吊柱大棚，立柱、拉杆截面应加大，减少立柱部分改用小吊柱支撑拱杆

在覆盖薄膜后，再开大棚门，把塑料薄膜从已安装的门框中部开“丁”字口，把薄膜卷到门的两边框和上框上，压上木条用钉子钉住，再安装棚门。

（三）钢管大棚建造

钢管骨架无柱大棚，跨度 10 米，中部高度最低 2.5 米，长 66 米左右。用 6 分镀锌钢管作拱杆，每隔 3～4 道拱杆设一加强桁架，桁架下弦 φ14 钢筋，拉花 φ10 钢筋，在下弦处设 5 道拉筋（用 4 分镀锌管），不设下弦的拱杆，用 φ10 钢筋作斜撑，斜撑焊在拱杆和拉筋上。见图 1-14。

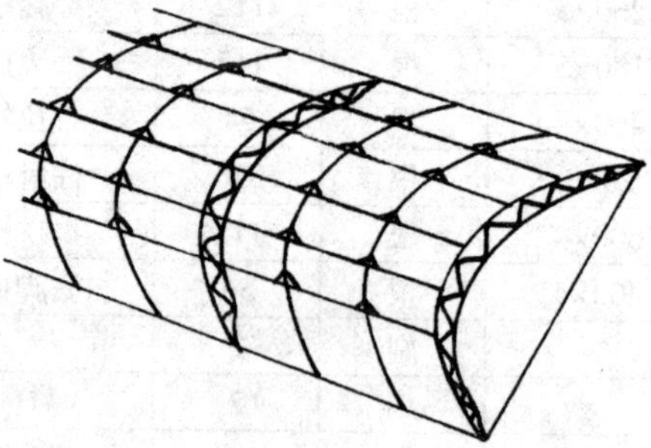

图 1-14　钢管无柱大棚透视图

（四）塑料大棚小气候特点及调节

1. 光照条件　塑料大棚内的光照，因受薄膜的影响，与自然界的光强比较明显偏低。原因是棚面呈弧形，光线被反射掉一部分，拱杆、立柱、拉杆遮掉一部分，覆盖普通聚乙烯或聚氯乙烯薄膜，内表面布满水滴也反射一部分。见光时间与自然界一致，晴天光照强时棚内光照也较强，阴天光照弱时棚内光照也弱。

大棚内的光照强度随着季节和天气的变化而变化，外界光照强的季节棚内光照也强，外界光照弱的早春晚秋棚内光照也弱。在一天中晴天的中午光照最强，阴天光照弱。

大棚内各部位的光照强度有差异，越接近棚面光照越强，向下递减。光照的水平分布与棚的走向有关，南北延长的大棚，午前东侧光照强，午后西侧光照强。从全天来看两侧差异不大，但在两侧与中间之间各有一个弱光带。

南北延长的大棚，平均光照较强，但南北光照差异较大，南部明显高于北部，最多达到20%。

大棚内夏季光照强，经过2~3个月的覆盖，薄膜内表面已无水滴，有些忌强光的作物，容易遭受强光高温危害，需覆盖遮阳网，减弱光照强度，降低温度。

2. 温度条件　大棚内的温度明显高于露地，虽然白天温度上升快，夜间下降也快，但是地温升高后，可使棚内温度下降速度减慢。入冬前覆盖薄膜的大棚，冻土层可比露地浅1/3以上，春天土壤化冻快，10厘米以下温度较高，夜间气温下降后，土壤中的热量释放出来，可使气温下降速度减慢，棚内高温时间较长，对作物生育有利。

大棚内春秋两季气温明显高于露地，有利于春提早和秋延晚栽培，但是受天气的影响明显。见表1-7。

表1-7　大棚内外最高气温比较

天　气	气温（℃）		
	棚　内	棚　外	内外温差
晴　天	38.0	19.3	18.7
多　云	32.0	14.1	17.9
阴　天	20.5	13.9	6.6

塑料大棚栽培蔬菜，关键是调节温度。根据不同蔬菜、不同生育时期对温度的要求进行调节，尽量延长最适宜温度的时间，减少不适宜温度时间，防止高温和低温危害，温度高时通过通风降温。早春出现寒流覆盖小拱棚保温，夏季由于强光，靠通风降温困难时

可覆盖遮阳网。

3. 湿度条件　塑料大棚在生产过程中完全靠人工灌溉，不受自然降水的影响，可完全根据栽培作物不同生育阶段对水分的要求供给适宜的水分，这是容易获得高产稳产的原因之一。

大棚内的空气湿度比露地高，空气湿度来自土壤水分的蒸发和作物的蒸腾，早春通风量少，密闭时间长，空气湿度高，有时超过90%，白天60%～80%，对有些蔬菜容易发生气传病害。所以浇水宜在晴天上午进行，浇水后加强通风，对果菜类蔬菜最好采用高垄、高畦覆盖地膜。

4. 大棚的气流运动　大棚不通风时气流仍然流动，由地面向高处流动的气流汇集到棚顶，称为基本气流。基本气流不断向棚顶最高处流动，到棚顶后再折回向下流动到地面，补充基本气流上升后形成的空隙，称回流气流。

大棚密闭时气流的流速低，通风后受风速的影响流速提高，流经作物叶层的新鲜空气增多，二氧化碳得到补充，可见通风是大棚生产的重要技术措施。

在多云的天气，回流气流从棚顶中部向地面回流时，有时强烈阳光突然露出云层，照射棚面，回流气流被迅速加热，使温度升高，所以多云天气不注意通风很容易受到高温的不良影响。

第三节 温室大棚蔬菜日光温室设施

日光温室是我国独创的保护地设施，冬季在北纬40°地区不加温可生产多种喜温蔬菜，在节能方面居国际领先水平。到目前为止，世界上除了我国的日光温室外，还没有哪个国家拥有在外界温度达到-20℃甚至更低温度时，不加温就能生产喜温蔬菜的温室。

一、日光温室的主要类型结构

我国的日光温室，从长江以北到黑龙江，分布范围较广，面积较大，已突破30万公顷，并且还在进一步发展。

日光温室从前屋面的构型来分，主要有一斜一立式和半拱形两种类型。

（一）一斜一立式日光温室

跨度6～7米，脊高2.5～3.1米，前立窗高0.6～0.8米，长50～60米。近年向跨度7.5～8米，长70～80米发展，最长100米发展。见图1-15。

（二）半拱形日光温室

跨度、高度、长度与一斜一立式温室基本一致，不同处是前屋面呈拱圆形。半拱形日光温室前屋面下空间加大，采光性能提高，前屋面薄膜容易被压膜线压紧，抗风能力增强。见图 1–16。

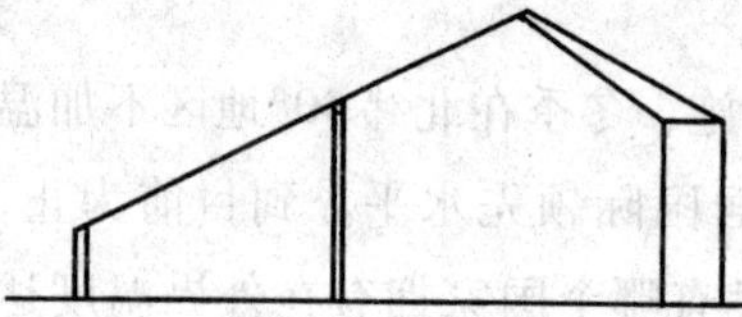

图 1–15　一斜一立式日光温室示意图

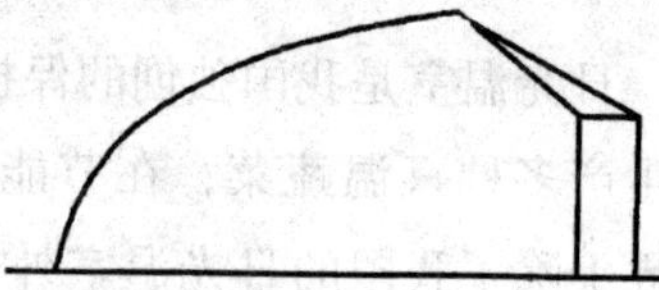

图 1–16　半拱形日光温室示意图

日光温室的结构主要有竹木结构（土墙、土后屋面）、钢管结构（砖墙、永久式后屋面）和混合结构（竹木结构改木杆立柱为水泥预制柱或钢竹混合结构）。

因受资金限制，目前绝大多数日光温室都是竹木结构，钢管无柱温室比较少。

二、日光温室的建造

（一）场地选择与规划

日光温室已经形成产业化，向集中连片发展，需要合理规划布局。

日光温室必须阳光充足。选择场地，南面不能有山峰、树木、高大建筑物等遮光物体，大烟囱、电线杆都不应有。地下水位低，土质疏松，交通方便，还要避开山口、河谷等风道及机动车辆频繁通过的乡间土路，不靠近排放烟尘的工厂，最好充分利用已有的水源和电源。

选好场地，首先要调整好土地，丈量面积，测准方位，确定温室的跨度、高度、长度及前后排温室间距，绘制田间规划图，按图施工。田间规划见图 1-17。

绘制田间规划图，首先要确定温室和总体尺寸，然后按缩尺 1/50，绘制出各栋温室的位置。

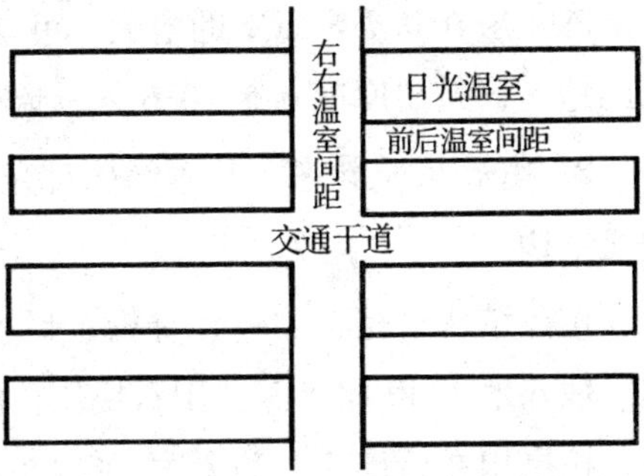

图 1-17　日光温室田间规划示意图

目前日光温室跨度 7.5 米，高 3.5 米，后屋面水平投影 1.5 米，温室长 70 ~ 80 米比较普遍。计算前后排温室距离，用简单的方法计算，是从最高透光点向地面引垂线，垂线与地面的交点距后排温室前底脚的距离为高度的 2 倍外加 1.5 米。

温室高 3.5 米，加上卷起草苫的直径 0.5 米为 4 米，共 2 倍为 8 米，加 1.5 米为 9.5 米。减去后屋面水平投影 1.5 米、后墙 0.61 米，则后排温室前底脚至前排温室后墙根的距离应为 7.39 米。如果后墙厚度为 1.5 米，则距离应为 6.5 米。见图 1-18。

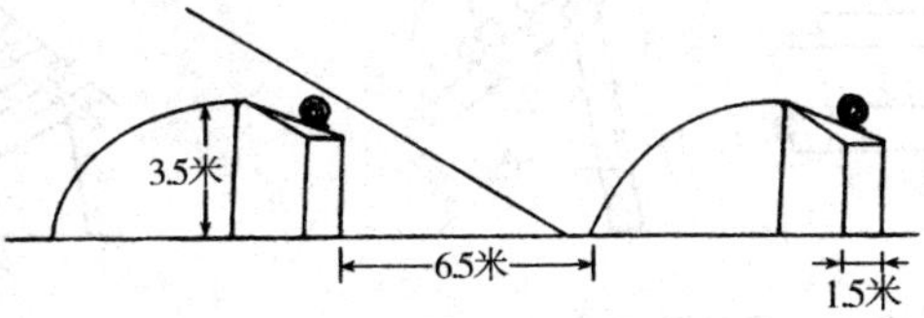

图 1-18　日光温室前后排间距

（二）竹木结构日光温室建造

1. 筑墙　竹木结构日光温室，后墙和山墙用草泥垛成，或夯土墙。

用土垛墙最好是从温室内取土30厘米深，使温室低于地面30厘米，有利于保温。先把表土取出堆放一边，筑完墙再把表土归回原地。

冻土层在0.7米以下的地区，可筑成1米厚的墙，冻土层超过1米的地区，筑墙厚度0.5～0.6米，墙外培防寒土1米左右。

2. 建后屋面骨架　竹木结构日光温室后屋面骨架有柁檩结构和檩椽结构。

柁檩结构由柁、中柱、脊檩、后檩和腰檩组成。每3米设1中柱，埋入地下40厘米深，用石块作柱脚以防下沉，中柱上端支撑柁头，柁尾担在后墙上。脊檩放在柁头上，要求既平又直，需对接，腰、后檩可错落摆放在柁上。为防柁尾压坏土墙，可垫上木板。见图1-19。

檩椽结构由中柱支撑脊檩，用细木杆作椽子，上部担在脊檩上，椽尾担在后墙上，在后墙顶部放一道木杆，把椽尾钉在木杆上，椽头探出脊檩40厘米，椽头上设一道瞭檐，以便安装拱杆。见图1-20。

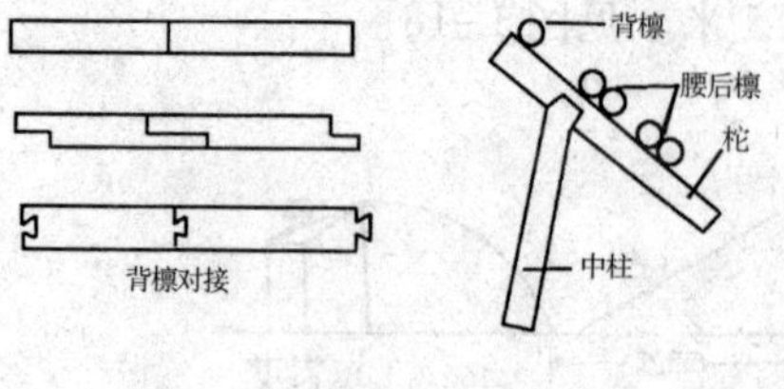

图1-19　柁檩结构示意图

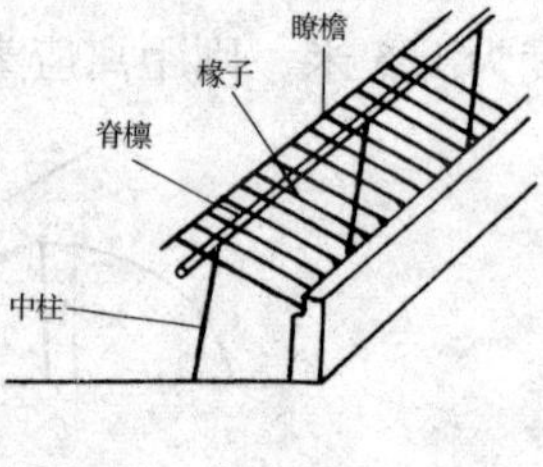

图1-20　檩椽结构示意图

3. 盖后屋面 柁檩结构，需整捆高粱秸勒箔；檩椽结构，可用高粱秸、棉槐条、玉米秸勒箔，上面抹草泥，再铺乱草、玉米秸防寒。

4. 建造一斜一立式温室前屋面骨架 用4厘米直径的竹竿作拱杆，上端固定在脊檩上，下端固定在前立窗上，中部用腰梁支撑，腰梁下每3米设一立柱。拱杆间距80厘米，靠前底脚处用竹片作拱杆，弯成拱形，上端绑在竹竿的下梢上，下端插入土中。见图1-21。

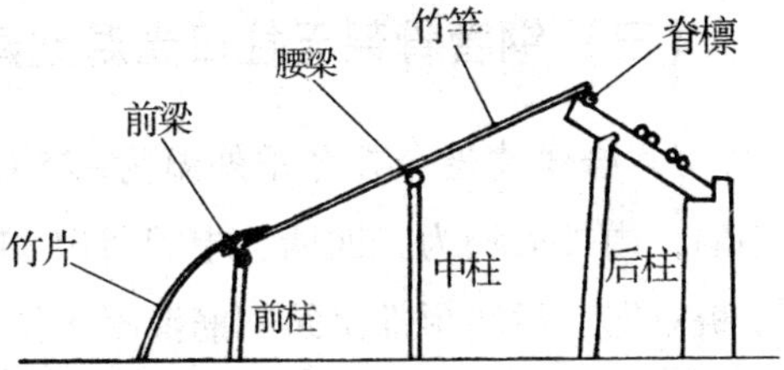

图1-21 竹木结构一斜一立式温室示意图

辽宁省瓦房店市农民在一斜一立式温室的基础上，进行了改进，取消了腰柱，每3米设一道加强桁架，在桁架上每30～40厘米，拉一道8#铁丝，两端固定在山墙外地锚上，用直径2.5厘米的竹竿作拱杆，用细铁丝拧在8#铁丝上，覆盖薄膜后，在拱杆上压上细竹竿，用细铁丝拧在拱杆上，称为琴弦式温室。见图1-22。

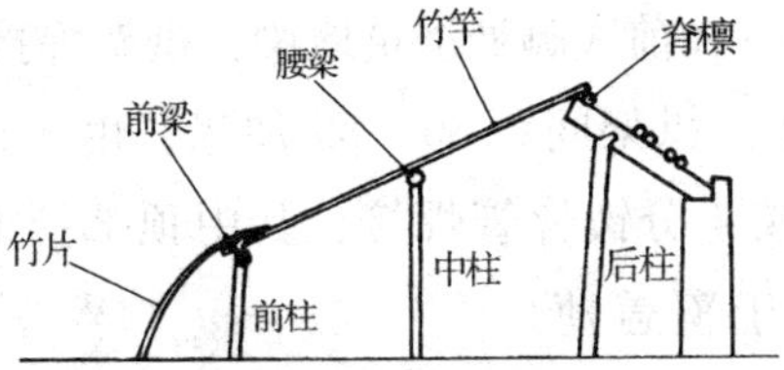

图1-22 琴弦式温室示意图

5. 建造半拱形温室前屋面骨架 用5厘米宽竹片作拱杆，弯成拱形，上端固定在脊檩或嘹檐上，下端插入土中，中部由腰梁和前梁支撑，梁下每3米设一立柱。见图1-23。

6. 建造悬梁吊柱温室前屋面骨架 竹木结构日光温室，为了作业方便，前屋面扣中、小棚保温，取消前屋面下的立柱，每3米设一加强桁架，在桁架上设横梁，用小吊柱支撑拱杆。见图1-24。

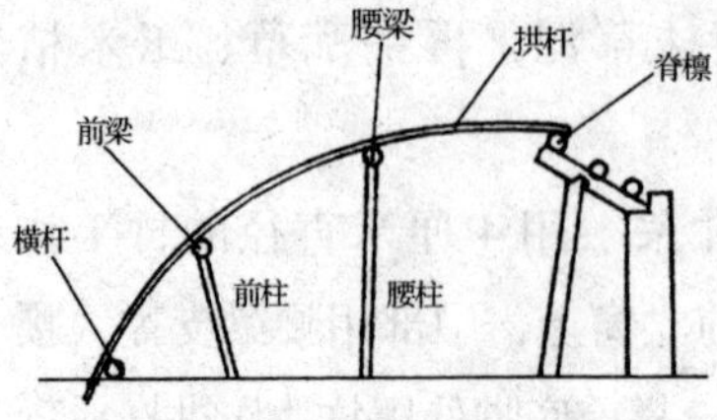

图 1-23　半拱形温室前屋面骨架

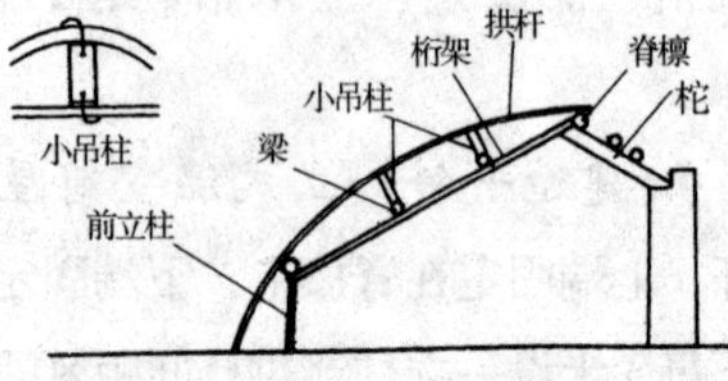

图 1-24　悬梁吊柱温室示意图

（三）钢管骨架无柱日光温室建造

1. 墙体建造　在冬季外温为-25℃左右的地区，用红砖砌筑夹心墙，内外墙均为二四墙，中间留出 11 厘米空隙，填入 5 厘米厚的苯板双层。后墙顶部浇筑钢筋混凝土梁。

砌墙时先砌内墙，清扫地面后，放上苯板，双层苯板错口安放，再砌外墙。外墙皮抹水泥沙浆，内墙皮抹白灰各 1 厘米厚，墙体总厚度为 61 厘米。

2. 拱架制作　用 6 分镀锌管作上弦，φ12 钢筋作下弦，φ10 钢筋作拉花，按前屋面形状做好模具，焊成拱架。

3. 拱架焊接　在前底脚处浇筑地梁，拱架焊接在顶梁和地梁预埋的钢筋或角钢上。拱架间距 80 ~ 85 厘米，由 3 道拉筋连成整体。拉筋用 φ14 钢筋或 4 分镀锌管焊接，其中顶部拉筋焊接在屋脊部，改用槽钢，以便于覆盖薄膜时，把上边卷入木条装入槽钢内固定。见图 1-25。

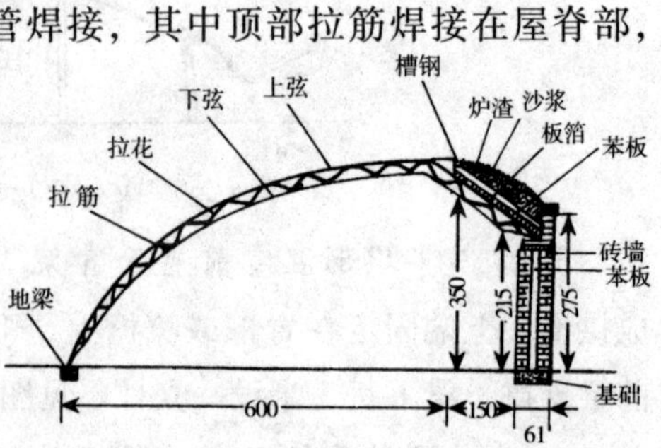

图 1-25　钢管骨架无柱温室示意图

(四) 日光温室薄膜的选用及覆盖

日光温室前屋面覆盖的薄膜，按树脂原料分为聚乙烯薄膜、聚氯乙烯薄膜和乙烯—醋酸乙烯薄膜；按性能分有普通薄膜和无滴薄膜。无滴薄膜是在树脂中添加辅助剂，使薄膜表面张力与水的表面张力接近，水不形成水滴，只能形成水膜，按内表面弧度流到前底脚地面，所以透光率比较高，另外还有防老化功能。

日光温室普遍应用聚乙烯长寿无滴膜和聚氯乙烯无滴膜。乙烯—醋酸乙烯膜将成为换代产品，目前尚处在试用阶段。

1. 聚氯乙烯无滴膜　在聚氯乙烯树脂中加入一定比例的增塑剂、耐候剂、防雾滴剂，经塑化压延而成，有的还采用双向拉伸新工艺，使其幅宽由 2 米增加到 3 ~ 4 米。这种薄膜透光率高，没有水滴落在作物上，蔬菜生理病害和侵染性病害相对较轻，保温性能较好，适于北纬 40°以北地区使用。不足之处是透光率衰减速度快，经过夏季高温强光阶段，透光率明显下降，一般下降 50% 甚至更多。耐高温能力差，膜面松弛，大风天容易破损。另外，比重大，单位面积成本高，薄膜表面增塑剂渗出后，吸尘严重，影响透光率。

2. 聚乙烯长寿无滴膜　在聚乙烯长寿膜的配方中加入防雾滴剂，不仅使用期延长，还具备无滴优点。比重轻，同样重量，比聚氯乙烯膜多覆盖面积 30% 左右，生产成本相对较低。透光率、保温性能不如聚氯乙烯无滴膜，但透光率下降较慢。

近年来日光温室覆盖聚乙烯长寿无滴膜的面积已经不断增加。

3. 聚乙烯紫光膜　在聚乙烯长寿无滴膜的基础上加入紫颜色，吹塑成紫色膜，既具备聚乙烯长寿无滴膜的特点，又可使紫茄子、番茄、草莓着色好，采收期提早，增加产量。

由于紫光膜长波辐射透过快，白天升温快，夜间降温也快，保温效果差，需加强前屋面保温措施。

日光温室覆盖薄膜，首先覆盖底脚围裙，方法同大棚的底脚围裙。围裙上部覆盖一整块薄膜，上部卷入木条，固定在屋脊或后坡下，下部延至围裙 30 厘米，每根拱杆间用一条压膜线压紧。

第二章

温室大棚瓜类蔬菜优质高产栽培技术

第一节 瓜类蔬菜栽培的品种

瓜类蔬菜的种类较多，各种瓜类都有许多地方品种和新育成的常规品种、杂交种。20 世纪 80 年代以来，随着各种保护地设施的发展，在生产实践中已经筛选出一些适合不同保护地设施栽培的品种，农业院校和科研单位也在选育保护地专用品种，已经有些瓜类蔬菜育成了新品种。

从事瓜类温室大棚栽培，在选择品种时，要根据不同保护地设施，不同的茬口，销往市场的需要进行选择。

一、黄瓜品种

保护地黄瓜栽培，选择品种既要根据设施的性能特点，更要考虑茬口安排。不同栽培茬口的主要黄瓜品种介绍于下。

（一）冬春茬、早春茬品种

日光温室冬春茬、早春茬，塑料大、中棚春茬黄瓜栽培，需要选择耐低温、耐弱光、抗病，对日光温室和大、中棚适应能力强的品种。

1. 密刺系统常规品种　长春密刺、山东密刺、新泰密刺等，都是从山东省新泰市果都乡高孟村露地春黄瓜地方品种一串铃和大青把中选育的，无明显的区别，所以称密刺系统。

该系统从大棚春季栽培开始，到日光温室冬春茬、早春茬栽培，始终是主栽品种，都表现比较耐低温、节成性好、产量高等特点。

2. 冬棚1号　冬棚1号是山东省淄博市良种场由密刺系统中选育出的新品种，1994年通过山东省农作物品种审定委员会审定。

山东地区把温室叫大棚，称日光温室为冬暖式大棚，定名为冬棚1号，作为日光温室专用品种。该品种植株生长势强，叶片肥厚，色深绿，茎粗，节间短，分枝中等。以主蔓结果为主，第一雌花出现在2~4节，以后每隔1~2节再出现一雌花，节成性好，早熟。瓜条棒形，长25~35厘米，横径3厘米，单瓜重150~200克，瓜把短，嫩瓜深绿色，纵棱不明显，刺白色，小而密，肉脆，味浓，品质好。耐低温，耐弱光，适应性广，抗病性强。

3. 中农5号　中国农科院蔬菜花卉研究所育成的雌性型一代杂交种，1989年通过北京市品种审定委员会审定。该品种植株长势强，以主蔓结瓜为主，第一雌花着生在2~3节，以后节节有雌花。瓜条长棒形，顺直，长22~32厘米，横径3厘米，单瓜重150~200克，瓜把短，瓜色深绿，瘤小刺密、刺白色，肉清香而脆，皮薄，商品性好，早熟。抗疫病、枯萎病，抗细菌性角斑病和病毒病，适应性强，耐低温。

4. 中农13号　中国农科院蔬菜花卉研究所育成的日光温室专用型三交种。植株长势强，生长速度快，以主蔓结瓜为主，侧枝较强，第一雌花出现在2~3节，雌花节率50%，结瓜集中，连续结瓜性好，可多条瓜同时生长。瓜条长棒形，长25~30厘米，横径3厘米，单瓜重100~150克。瓜把短，瓜皮深绿色，有光泽，瘤小，刺密，白色，皮薄无棱，肉质脆，微甜清香，商品性好。高抗黑星病、枯萎病、疫病，耐霜霉病。

5. 津春3号　天津市农科院黄瓜研究所1990年选育的一代杂交种。植株长势强，茎粗壮，叶片肥大，叶色深绿，分枝中等，主蔓结瓜为主，第一雌花着生在3~4节，以后每隔1~2节结瓜，单性结实能力强。瓜条长棒形，顺直，长30厘米左右，单瓜重200克左右，瓜条绿色，刺瘤适中，白刺，有棱，风味较佳，早熟。耐弱光能力较强，短时间5℃低温对生育影响不大，抗霜霉病、白粉病能力强。

（二）秋茬、秋冬茬品种

塑料大、中棚秋茬和日光温室秋冬茬黄瓜，生育期间所处的环境条件与冬春茬、早春茬正相反，幼苗期光照强、温度高，昼夜温差小，温光条件适宜的期间较短，接着温度下降，光照减弱，日照时间缩短，需要选择对日照要求不严格、抗病力强的品种。

1. 津杂2号　天津市农科院黄瓜研究所育成的一代杂交种，1987年通过天津市农作物品种审定，1989年通过全国农作物品种审定。植株长势强，叶色深绿，侧枝4~6个，以主蔓结瓜为主，第一雌花出现在3~4节。瓜条长棒形，长35~40厘米，横径3.3~4厘

米，单瓜重250～350克。皮深绿色，白刺，棱瘤明显，头部有黄条纹。抗枯萎病、白粉病、霜霉病。

2. 中农4号　中国农科院蔬菜花卉研究所育成的一代杂交种，1991年通过北京市和河南省农作物品种审定委员会审定，适于春秋棚室栽培。植株长势中等，分枝少，主蔓结瓜为主，第一雌花着生在4～6节，其后连续出现雌花。瓜条长棒形，顺直，长35厘米，横径3厘米左右，单瓜重200克左右。瓜皮深绿色，刺瘤小而密，浅黄色，无棱。品质好，耐疫病、枯萎病和炭疽病，轻感白粉病。

3. 津杂3号　与津杂2号不同的是瓜条短约5厘米，横径细0.5厘米，单瓜重100克左右，产量低于津杂2号，抗疫病性强于津杂2号。

4. 津杂4号　与津杂2号、津杂3号为同系列品种，长势及抗病性，基本与津杂3号接近。

（三）小拱棚和地膜覆盖品种

小拱棚短期覆盖和地膜覆盖栽培，属于露地栽培范畴，需要选择抗逆性强的品种，如津杂3号、津杂4号、绿宁1号等。

绿宁1号是辽宁省锦州市北宁大棚研究会选育的品种，第一雌花出现在3～4节，早熟，节成性好，瓜条长35厘米，横径3.5厘米，刺白色，较密，瓜把短，口感甜脆，抗病性较强。

另外，各地春黄瓜地方品种，都适合小拱棚短期覆盖和地膜覆盖栽培。

此外，适于日光温室早春茬和秋冬茬栽培的黄瓜品种津优5号是天津黄瓜研究所育成，原代号90-5。植株生长势强，茎粗壮，分枝中等，以主蔓结瓜为主，瓜码密，回头瓜多，单性结实能力强，瓜条生长速度快，从开花到采收比长春密刺早3～4天。瓜条长棒状，深绿色，有光泽，棱瘤明显，白刺，把短，商品性好，品质佳，腰瓜长35厘米，单瓜重200克左右。早熟性好，早春栽培第一雌花平均节位4.1节，从播种到采收根瓜65～70天。抗霜霉病、白粉病、枯萎病能力强，耐低温、耐弱光。早春栽培每公顷产量可达90000千克，秋冬茬栽培每公顷产量可达75000千克。

适于塑料大棚春茬和秋茬栽培的黄瓜品种津优10号是天津黄瓜研究所育成，原代号39。植株长势强，第一雌花节位在4节左右，瓜条生长速度快，成瓜性好，从播种到根瓜采收一般为60天左右。瓜条长35厘米左右，横径3厘米，单瓜重180克左右，颜色深绿，有光泽，刺瘤中等，口感脆嫩，兼抗黄瓜霜霉病、白粉病和枯萎病三种病害，尤其是抗霜霉病能力十分突出。前期以主蔓结瓜为主，中后期主侧蔓均具有结瓜能力。经品比及区域和生产试验，前期产量比长春密刺提高20%，总产量提高30%左右，每公顷产量80000千克以上，是早春塑料大棚与秋延后塑料大棚栽培的理想品种。

二、冬瓜品种

冬瓜有大果型和小果型两个类型，各有许多品种。大果型适于露地栽培和小拱棚短期覆盖、地膜覆盖栽培；小果型冬瓜适于棚室温室大棚栽培。

（一）小果型冬瓜品种

1. 一串铃　北京市地方品种，长势中等，叶片掌状，深绿色。以主蔓结瓜为主，第一雌花着生在4～6节，以后每隔1～3节着生一个雌花，雌花节率较高。瓜圆筒状，长18～20厘米，横径18～24厘米，单瓜重1000～1500克，瓜皮青绿色，成熟后有白色蜡粉，瓜肉厚3～4厘米，白色，品质中等偏上，耐寒性较强，耐热性中等。

2. 一串铃3号　中国农科院蔬菜花卉研究所由一串铃系统选育的品种。早熟，植株生长势中等，雌花出现早，节成性强，第一雌花出现于6～9节，隔3～5节结一个瓜，侧枝也有较强的结瓜性，可连续出现雌花，瓜较小，单瓜重1000～2000克。

3. 一串铃4号　与一串铃3号同为中国农科院蔬菜花卉研究所选育的新品种。生长势中等，叶片掌状，节间较短，第一雌花着生在6～9节，以后每隔2～4节见一瓜，有连续结瓜现象，侧蔓也可结瓜。瓜高桩形，底部略大，表面被有白粉，单瓜重1000～2000克。

4. 早熟米　四川省农科院园艺种苗研究中心选育出的新品种。蔓长3～5米，节间长8～10厘米，叶片五角形，掌状浅裂，绿色。第一雌花着生在3～5节，雌花多，结瓜密，瓜呈短圆柱形，瓜长30～40厘米，横径20～25厘米，嫩瓜重2000～3000克，外皮青绿色，表皮平滑，肉厚3～4厘米，白色，肉质细密，品质优良，一般单株可结瓜3～4个，抗热和抗病性均较强。

（二）大果型冬瓜品种

1. 巨丰1号　河南省兰考县蔬菜研究所从引进的冬瓜中选育的新品种。蔓长可达9米，生长势强，分枝多，叶为心脏五角形，第一雌花着生在25～26节，以后每隔5～6节着生一朵雌花，瓜为长筒形，长80厘米左右，横径40厘米左右，单瓜重40～50千克，最大可达80千克。瓜表皮有稀疏的白色茸毛，皮薄，肉厚9厘米，种子腔小，肉质细嫩，耐贮运，抗病性中等。

2. 车头冬瓜　北京市地方品种。植株生长势强，叶片掌状，色深绿，以主蔓结瓜为主，第一雌花着生在15～20节，以后每隔2～3节着生一朵雌花。瓜呈方圆形略扁，中等大小，长24～26厘米，横径30～35厘米，单瓜重7.5～10千克。瓜皮灰绿色，有白色斑点，成熟时有白色蜡粉并有少数针状刺毛，肉白色，厚约4.5厘米，纤维少，肉质较细密，品质优良。

3. 早熟青杂　湖南省长沙市蔬菜研究所育成的一代杂种。植株生长势强，第一雌花出现在主蔓8～10节，以后间隔6～7节着生一朵雌花。瓜长筒形，长40～50厘米，横径8～13厘米，单瓜重4.5～8千克，每株可留两个瓜。嫩瓜皮色墨绿，密被茸毛，蜡粉较少，瓜肉厚，质地致密，品质优良，早熟，抗病性强。

4. 粉杂1号　湖南省长沙市蔬菜研究所育成的一代杂种。植株生长势强，主蔓18～20节出现第一雌花，隔7～9节再出现雌花。瓜呈长柱形，单瓜重18～23千克，最大可达35千克，嫩瓜皮深绿色，密被蜡粉和茸毛，肉厚，质细密。耐贮藏，耐运输，适应性广，抗病力强。

三、西瓜品种

温室大棚栽培的西瓜，因为价位较高，宜选择果型较小，形状美观，风味甜美，含糖量高，肉质沙脆的早熟品种。

1. 京欣1号　北京市农林科学院蔬菜研究中心与日本西瓜专家欣田森一合作选育的一代杂种。全生育期90天，植株长势中等，从雌花开放到果实成熟需30天左右。叶型小，主蔓8～10节出现第一雌花，以后每隔5～6节再出现一朵雌花。容易坐果，果实高圆形，果皮浅绿色，上有17条墨绿窄齿条纹和蜡粉，外形美观，瓤色桃红，质细松脆，汁多味甜，纤维少，中心含糖量11%～12%。皮厚1厘米左右，耐贮藏不耐运输，单瓜重4～5千克。

2. 金花宝（P_2）　甘肃省兰州市城关区种子公司选育的中熟种。植株长势强，耐旱不耐湿。主蔓7～9节出现第一雌花，第二雌花出现在13节前后。从雌花开放到果实成熟30～35天，果实椭圆形，果皮浅绿色，有墨绿色宽条带，瓜瓤红色，肉质沙脆，中心含糖量10%～11%，单瓜重5～6千克，最大10千克。

3. 京抗1号　北京市农林科学院蔬菜研究中心选育。植株长势中等，生育期90天，雌花开放至果实成熟30天左右。果实圆形，绿皮有明显的条纹，果肉桃红色，中心含糖量10%以上，品质好，耐贮运，单瓜重可达5千克以上。

4. 京抗3号　北京市农林科学院蔬菜研究中心选育。生育期90天左右，主蔓8～10节着生第一雌花，以后4～6节出现一朵雌花，雌花开放至果实成熟30天左右。果实椭圆形，皮绿色，覆有明显的齿形条纹。果肉桃红色，中心含糖量11%，肉质细脆多汁，品质优良。抗病性强，兼抗枯萎病、炭疽病，耐重茬，可缩短轮作年限。果皮韧，耐运输，单瓜重5千克以上。

5. 郑杂5号　中国农业科学院郑州果树研究所选育的杂交种。植株生长旺盛，生育期85天左右，从雌花开放到果实成熟需28～30天。5～6节开始出现第一朵雌花，以后隔3～4节着生一朵雌花，极易坐果。果实椭圆形，皮浅绿色，有墨绿色宽条带，果皮光滑、整齐、美观。皮厚1厘米，瓜瓤大红色，质松脆，中心含糖量10.5%～11%，平均单瓜重4～5千克。抗病性与耐旱性均较强，较耐运输。

6. 郑杂6号　中国农业科学院郑州果树研究所选育。根系发达，发苗早，长势强，抗旱力强，生育期85～100天，雌花开放到果实成熟32天左右。果实高圆形，窄条纹，形状美观，皮厚1厘米左右，瓜瓤大红色，肉质沙脆，风味甜美，中心含糖量10%左右，单瓜重5.5千克左右，最大可达11千克。对采收成熟度要求不严，九成熟采收最适宜。

7. 郑抗2号　中国农科院郑州果树所选育的早熟品种。抗枯萎病和炭疽病能力较强，生育期85天，植株长势中等，易坐果。果实椭圆形，皮浅色，网纹青绿细密，大红瓤，肉质细脆多汁，味甜，中心含糖量12%左右，平均单瓜重6千克，最大可达10千克。

8. 郑抗3号　中国农科院郑州果树所选育的早熟品种。高抗枯萎病，兼抗炭疽病，耐重茬，雌花开放后26~28天成熟。植株长势强，易坐果且整齐，果实椭圆形，皮浅绿色，有墨绿色条带，大红瓤，多汁，中心含糖量12%左右，平均单瓜重7.5千克。

四、甜瓜品种

甜瓜分为厚皮甜瓜和薄皮甜瓜两个类型，各有很多品种。现将近年来保护地栽培表现较好的品种，分别介绍一部分，供生产者参考。

（一）厚皮甜瓜品种

厚皮甜瓜按果皮光滑度可分为光皮品种和网纹品种；按果实成熟时颜色可分为白皮、黄皮和绿皮品种；按果肉颜色可分为白肉、绿肉和橙肉品种；按果肉质地可分为软肉和脆肉品种；按生育期长短可分为早、中、晚熟品种。

1. 状元　台湾农友种苗公司育成的一代杂种。早熟，株型较小，适于密植。易结果，开花后40天可采收，成熟时果面呈金黄色，成熟度容易判断，果实橄榄形，脐小，单瓜重1.5千克左右，大者可达3千克。肉白色，含糖量14%~16%，肉质细嫩，品质好，果皮坚硬不易裂果，耐贮运。

2. 伊丽莎白　从日本引进的特早熟品种。在新疆、珠海生育期仅为70天，从开花到成熟30天。果实圆球形，皮黄艳光滑，单重

500～600克。果形整齐一致，果肉白色，肉质细软多汁，含糖量13%～15%，单株结瓜2～3个。本品种抗湿、抗病，但对白粉病抗性较差。

3. 蜜世界　台湾农友种苗公司培育的一代杂种。果实长球形，果皮浅白绿色，果面光滑或偶有稀少网纹。单瓜重1.4～2千克，肉色浅绿，肉质柔软，细嫩多汁，无渣滓，含糖量在14%～16%，品质优良，风味鲜美。低温结果力较强，开花至成熟需45～50天。果柄不易脱落，耐贮耐运，产量高。本品种刚采收时肉质较硬，经数日后熟品质最佳。

4. 银岭　台湾农友种苗公司培育的一代杂种。早熟，抗枯萎病，果皮白色，果肉浅绿色，含糖量14%～16%，肉细密，香气浓郁，应适期采收。

5. 处留香　台湾农友种苗公司培育的一代杂种。植株长势强，果实未成熟时浅绿色，成熟时黄皮白肉，果面光滑或偶有稀少网纹，果实通常为球形，结果部位低时呈扁圆球形。单瓜重1.5千克左右，果肉厚，含糖量在13%～16%。适期采收的果实，经后熟软化食用，肉质细软无渣，汁多，入口即化，甜香可口，吃后口齿留香，回味甚佳。温度低时转色慢或不着色。

6. 黄河蜜瓜　甘肃农业大学瓜类研究所从白兰瓜变异系中选育而成。生育期比白兰瓜早10天左右，果实圆形或长圆形，平均单瓜重2千克，皮金黄色，光滑美丽，果肉黄色或黄白色，肉质较紧，汁液中等，含糖量较高。

7. 天蜜　台湾农友种苗公司选育的一代杂种。比较耐低温，果实高球形、短椭圆形，网纹细美，单瓜重1.2千克左右。开花后40～50天成熟，含糖量在14%～16%。果肉厚，纯白色，肉质柔软细嫩，入口即化，汁多，味鲜美，食后余味悠长。

8. 翠蜜　台湾农友种苗公司培育的一代杂种。植株生长势强，耐低温能力较弱。果实球形至微长球形，皮灰绿色，含糖量14%~17%，肉质细嫩柔软，品质优良，开花后50天成熟，2~3天后熟果肉即柔软。

9. 天绿　日本米可多公司培育的一代杂交种。是抗病性、耐贮性俱优的网纹甜瓜，单果重1.5千克左右，果肉绿色，肉厚，含糖量15%以上，多汁，口味极佳，外形美观，生长旺盛，容易坐果。抗白粉病和枯萎病。

10. 香妃　台湾农友种苗公司培育的一代杂种。植株长势强，果皮有稀疏网纹，成熟时果皮浅黄绿色，肉色橙黄，肉质脆嫩，含糖量15%~17%。

11. 大利　植株长势强，病害较少，秋季栽培，开花后40天成熟。果实高球形，未熟果绿色，成熟时呈浅黄色，网纹细密。单果重1.2~3千克，肉色蜜白，微带浅红，采收经后熟软化，有时会带浅橙色。含糖量在13%~16%，肉质细软，多汁，香气浓郁。

12. 秋花2号　生长势强，开花后30~45天成熟。抗白粉病，适合夏秋季栽培。果实高球形，网纹细密，成熟时果皮呈蜜黄色，肉橙黄色，含糖量13%~14%，细软多汁，香气浓郁。

13. 天女　适合小拱棚栽培，果重1千克左右，成熟时果皮乳白色，光滑无网纹。果肉淡黄色，果实长球形，含糖量14%~16%，气味芳香，肉质细腻爽口，耐贮藏运输。

（二）薄皮甜瓜品种

1. 齐甜1号　极早熟品种。从播种到采收60~65天，生长势中等，子蔓结瓜为主。瓜椭圆形，绿花皮，成熟时果皮黄色，浅绿条纹，肉白色，瓜瓤红色，单瓜重150~200克。品质甜脆，香气浓郁，含糖量12%~15%。

2. 红城脆　早熟品种。全生育期70天左右，瓜圆形，果面光

滑，成熟时有黄色条纹，阴面黄色，果肉杏黄色，质脆味甜，香气浓郁。子蔓、孙蔓都可结瓜，以子蔓结瓜为主。平均含糖量14%，单瓜重500克左右。

3. 新白糖罐　植株长势中等，子蔓、孙蔓均可结瓜，极易坐瓜。果实近圆形或椭圆形，单瓜重300～500克，肉质细脆，含糖量12%～16%，果肉白色，品质好，耐贮运。生育期60～65天，抗病力强。

4. 红城5　在齐甜1号品种中选育的早熟品种。成熟时果面白色，有浅黄色泽，不倒瓤不裂瓜。子蔓结瓜为主，不疯秧，果实膨大快，从播种到采收68～70天。肉质香甜，含糖量14%～16%，单果重500克左右。

5. 红城7　内蒙古北方瓜类蔬菜研究所选育的新品种。生育期75天左右，从开花到果实成熟28天，极易坐果。以孙蔓结果为主，果实阔梨形，单瓜重400克，大者可达1000克。果实黄白色或绿色，果肉厚，含糖量14%～16%，果实甜脆，清香飘逸，品质极佳。较耐贮运，抗枯萎病和白粉病。

6. 龙甜 4 号　早中熟品种。生育期 73 天左右，连续结瓜能力强，植株生长健壮，根系发达，高抗枯萎病。果实长卵形，成熟时黄白色，外形美观，果实大小整齐，纵径 15.5 厘米，横径 10.2 厘米，单瓜重 250 克左右。果肉白色，肉质沙脆，含糖量 13% ~15%。平均单株结 4 个瓜，坐果能力强，较耐贮藏。

7. 白沙蜜　中熟品种。开花至成熟 28 ~30 天，植株长势强，结瓜性好，单株结瓜 2 ~3 个，单瓜重 500 克左右，最大可达 1200 克，果肉厚 3 厘米，平均含糖量 13%，质脆爽口，味甜汁浓，瓜形整齐，商品性好，耐贮耐运。

8. 顶心黄　从白沙蜜甜瓜的田间自然变异株，经人工多代自交选育而成。生育期 83 天左右，植株长势较强，茎叶粗壮，子蔓第一节开始着生雌花，从雌花开放到果实成熟需 31 天。子蔓、孙蔓均可坐瓜，生产中多以孙蔓结瓜为主，每株可留 3 个瓜。瓜卵圆形，果顶呈黄色，果面底色橙黄色，覆绿色碎斑块。果肉黄白色，瓜瓤浅橙色，肉厚 2 厘米，平均含糖量 11%，果肉松软，适口性好，单瓜重 450 ~600 克，种子千粒重 15 克。

五、苦瓜品种

苦瓜温室大棚栽培起步较晚，迄今尚无专用品种。从近年生产表现看，一般苦瓜品种表现都比较好。因以嫩瓜为产品，不能选用小果型品种。适宜品种有：

1. 云南大白苦瓜　茎蔓细，节间短，株高 3 米左右，分枝多，叶片绿色，果实棒形，果面有棱及不规则突起，长 40 厘米左右，横径 4 厘米左右。单瓜重 250 ~400 克，质地脆嫩，味清甜略苦，抗病力强，耐热。

2. 大顶苦瓜　广州农家品种。茎蔓节间短，分枝强，主蔓第一雌花着生于8~14节。叶片薄，呈黄绿色，主蔓长4米左右，每隔3~6节着生一朵雌花。瓜短圆形，长约20厘米，粗约11厘米，皮色青绿，瘤状突起粗大，味甜，苦味较少，肉厚1.3厘米，单瓜重300~600克，品质优良。耐热、耐肥，忌涝。

3. 蓝山大长白苦瓜　湖南省蓝山县地方品种。分枝性强，主蔓8~12节着生第一雌花，以后连续隔节发生雌花。果实长圆筒形，长40~70厘米，横径6~9厘米，外皮乳白色，有光泽，有密而大的瘤状突起，单瓜重750~1500克，品质优良，抗病力强。

4. 大白苦瓜　中国农科院蔬菜花卉研究所育成。植株生长势强，分枝多，瓜长棒形，长50~60厘米，横径4.7~5厘米，外皮浅绿色，有光泽，有不规则的棱和瘤状突起。单瓜重350~500克，肉厚1厘米，肉质脆嫩，味微苦，品质好，耐热，抗病，适应性强。

5. 长白苦瓜　四川地方品种。植株生长势强，侧蔓多，叶片黄绿色，主蔓14~20节开始着生第一朵雌花。果实圆柱形，长30厘米左右，长与粗之比为6∶1，顶端锥形，瘤状突起较宽扁。瓜皮乳白色，肉白色，品质优良。

6. 穗新1号　广州市农业科学研究所育成。植株生长势强，分枝力中等，主侧蔓均能结瓜。果实呈长圆锥形，果肩较平，长16~25厘米，肩宽5.5~6厘米，外皮青绿色，有光泽，有较大的条纹和瘤状突起，外形美观，单瓜重200~375克。肉厚，苦味中等，品质好，适应性强。

7. 江门白苦瓜　广州农家品种。茎蔓节间短，分枝多，叶片薄，黄绿色。主蔓长4米，6~13节着生第一雌花，以后隔3~5节着生一朵雌花。果实呈长圆锥形，有较整齐的纵沟条纹和瘤状突起，青绿色，有光泽，肉厚，味微苦，品质好，单瓜重300克。肉质细密，较耐贮运，由播种至始收50天左右。

8. 夏雷苦瓜　华南农业大学育成。果实长筒形，长 16～19 厘米，横径 4.2～5.4 厘米，外皮翠绿色，有光泽，有密而粗大的瘤状条纹，单瓜重 150～250 克，肉厚，品质中等。

六、丝瓜品种

1. 南京长丝瓜　又名蛇形丝瓜。主蔓 7～8 节出现第一雌花，以后连续出现雌花。瓜长 130～170 厘米，横径 3～5 厘米，外皮绿色，肉质柔嫩，纤维少，品质好，蔓长可达 13～15 米。

2. 上海香丝瓜　早熟品种。瓜圆柱形，长 27～30 厘米，肉厚，有弹性。皮淡绿色，有黑色斑点，果实有香味，品质最佳。

3. 棒丝瓜　北京地方品种。植株生长势强，叶掌状，花单生，瓜棍棒形，尾部略粗，长 33～37 厘米，皮绿色，有 10 条绿色线状凸起，多茸毛。肉厚 0.5～0.6 厘米，白色，肉质细软，品质中等，单瓜重 150 克左右。

4. 肉丝瓜　湖南省地方品种。植株生长势强，分枝多。叶片浓绿色，掌状五裂或七裂。雌花着生晚，一般在主蔓 15 节以上着生第一雌花，较晚熟，产量高。瓜圆筒形，两端略粗，长 30～40 厘米，横径 7～10 厘米，果皮绿色，果肉绿白色，肉质肥嫩，纤维少，品质好，单瓜重 250～500 克。

5. 线丝瓜　植株生长势强，叶片掌状，有 3～4 对裂片，裂片宽而短。瓜细长棒形，中下部渐粗，瓜长 75～95 厘米，上下部横径 3～4 厘米，基部横径 2 厘米，单瓜重 500 克左右。瓜皮绿色，有皱纹和条纹，肉绿白色，质软细嫩，纤维少，品质中等。

6. 双青　广东省佛山市农家品种。植株蔓生，长势旺盛，分枝力强，主蔓 8～10 节着生第一雌花。瓜长棒形，顶部稍粗，长 65 厘米左右，横径3.8厘米，单瓜重350~500克。皮色深绿，表面有10条棱，棱峰墨绿色，皮薄而软，肉白色，质脆嫩，品质好。较耐低温，耐热性差。

7. 夏棠1号　华南农业大学园艺系与广州市东圃镇农科站合作，从棠东丝瓜中系统选育而成的新品种。具有早熟、丰产、瓜形美观、品质优良、适应性广等特点。瓜长棒形，头尾均匀，瓜长45~60厘米，横径5.5~6厘米。单瓜重300~400克，皮青绿色，棱墨绿色。水肥条件适宜每株平均结瓜4~5条，多者9条。耐热、耐涝，抗逆性强。

8. 青麓白肚　浙江省地方品种。瓜条长27~30厘米，横径7厘米左右，花冠附近为淡绿色，其余部分为乳白色。果面光滑而有光泽，肉质柔嫩，不易粗老。比较早熟，品质优良，但产量不高。

9. 白玉霜　湖北省武汉市地方品种。植株生长势强，分枝多，第一雌花出现在10~15节，侧蔓1~2节即出现雌花。瓜长圆柱形，长60~70厘米，横径5厘米左右，果皮淡绿色，中部密布霜样皱纹，两头皮质粗硬，瓜上有纵沟，肉乳白色，单瓜重500克左右，瓜皮薄，品质好，耐涝、耐热，不甚耐旱。

七、佛手瓜品种

1. 白皮佛手瓜　福建地方品种。分枝力强，叶片掌状五角形，主侧蔓各节均能结瓜。瓜呈梨形，皮浅绿色，光滑而有光泽，成熟瓜绿白色。肉质细密，品质优良，中熟，抗病性强。单瓜重250克左右，有不规则的棱沟，无刺毛，含水分较少。

2. 台州白佛手瓜　茎叶淡绿色，叶柄浅白，叶脉黄白，瓜呈短圆形，长10厘米左右，横径最宽处9厘米左右，皮白色，有不规则细刺，瓜肉白而脆。自株的雌、雄花期不遇，雌花先开 5～7 天，需异株花授粉。采收及时的瓜比较耐贮藏耐运输。

3. 古岭合掌瓜　福建地方品种。分枝力强，第一叶掌状五角形，主侧蔓各节均能结瓜，瓜呈梨形，外皮绿色，光滑而有光泽。肉质细密，品质优良。抗病性强，单瓜重 200 克左右，单株产量可达 70 千克。

4. 云台白佛手瓜　云南省昆明农业大学筛选的云台白佛手瓜，与山东省莱阳市由台湾引进的白佛手瓜性状无差异，生长势强，瓜的品质、风味与台州白佛手瓜无明显差异。

第二节　育苗

一、播种量

计算瓜类蔬菜播种量，首先按种子的千粒重计算出每克种子的粒数，根据种子用价、有效出苗率，加上安全系数，以 667 平方米面积进行计算。

以黄瓜为例，667 平方米栽苗 4000 株，安全系数 1.2，种子用价 90%，有效出苗率 90%。计算方法如下：

667 平方米用种量 = 4000×1.2÷（40×90%×90%）

= 4800÷32.4

= 148.15（克）

除了佛手瓜以外，其余瓜类蔬菜均可按此公式计算播种量。

由于种子千粒重的差异，667 平方米西葫芦需 600～700 克，冬瓜 500 克左右，西瓜 160～200 克，苦瓜 250 克左右，甜瓜 70～100 克，丝瓜 100～150 克。

二、种子处理

瓜类种子播种前需进行浸种催芽，有些瓜类蔬菜种子可能携带病菌，需进行种子消毒。

（一）种子消毒

常用的方法有温汤浸种和药剂消毒。

1. *温汤浸种*　可杀死潜伏在种子表面和内部的病原菌，方法简单易行，可与浸种相结合。

温汤浸种的效果取决于浸种的水温和时间。为了提高杀菌效果，可在烫种前用 20℃左右的水把种子浸泡一下，使病原菌活化起来，然后再给予对病原菌有害的温度，使其致死。黄瓜需 50～55℃，苦瓜 55～60℃，黑籽南瓜 50℃，西瓜 70℃，甜瓜、丝瓜、西葫芦 50～55℃。

温汤浸种的水量为种子体积的 5 倍，放入种子后，用木棍向一个方向搅拌，直到水温降到 30℃以下。

2. *药剂消毒*　用 50%多菌灵可湿性粉剂，加上等量的 0.1%平平加，在常温下浸种 30 分钟，洗净后继续浸种。

（二）浸种催芽

种子发芽需要水分、温度和氧气。在播种前浸种催芽可满足种子发芽所需的条件，胚根露出种皮再播种，可使出苗整齐、迅速。

浸种时间长短，根据吸水快慢，一般为4～6小时，切开种子无干心，表明水分已经吸足。在催芽过程中，除了继续保持适宜的水分外，还要保证透气，所以最好用湿纱布包起刚浸完的种子，放在25～30℃处催芽，每天用清水投洗两次。

三、播种和移植

（一）播种

瓜类蔬菜播种，最好利用沙床。由河中取细沙，过筛后，在育苗床铺8～10厘米厚，浇透水，把刚出芽的种子撒播后，覆盖2厘米厚细沙。白天保持25～30℃，夜间15～20℃，3～4天后两片子叶展开，即可移栽。

用沙床播种，水分和氧气最有保证，水多了细沙存不住，水分不足立即表现出来，当床面细沙干到1厘米，可及时浇水。细沙通透性好，可保证根系对氧的需要。不论利用什么苗床，只要保持适宜的温度和光照，就能出苗整齐一致，不容易徒长。

（二）移植

用10厘米×10厘米的塑料钵，或用旧塑料薄膜自制移苗筒，装营养土。营养土用疏松的大田土和优质有机肥，过筛后各50%掺和均匀，装入容器后，上口留出3厘米空隙，先浇水，把籽苗栽入，再浇水，覆少量营养土，摆入苗床。

四、苗期管理

瓜类蔬菜种类、茬口较多，苗期管理各有特点。但是除了佛手瓜以外，其余瓜类基本规律是一致的。

（一）日光温室冬春茬瓜类苗期管理

育苗开始于深秋或初冬，苗龄3叶期，35天左右为宜，在日光温室内地面做育苗畦即可进行。温室的温度光照条件对瓜类蔬菜幼苗期的生育是适宜的，但是定植后至结果期，要经过较长一段日照时间短、光照弱、温度较低的时期，有时还会出现灾害性天气。而瓜类蔬菜幼苗期抗逆性较弱，进入结果期适应能力较低，所以需要进行大温差育苗，提高秧苗的抗逆性，以利于适应定植后的环境条件。

1. 温度　西葫芦白天20～25℃，夜间10～13℃；其他瓜类白天25～30℃，夜间13～15℃。定植前5～7天，降低夜间温度，进行炼苗，保持10℃以下，最低保持5℃以上。

2. 光照　尽量延长见光时间，增加光照强度，每天揭开草苫后清洁前屋面薄膜，提高透光率。

3. 水分　保持适宜的水分，浇水用喷壶浇水和个别浇水相结合，对较小的幼苗，单独多浇些水，容器中的营养土保持见干见湿。

（二）早春茬和春茬瓜类苗期管理

日光温室早春茬，大、中棚春茬瓜类蔬菜栽培，幼苗期正处在日照时间最短、光照最弱、温度最低的季节，定植后温光条件逐渐好转，育苗需要在温床进行，苗龄以5～6片叶，50～60天育成的长龄大苗，才能达到提早上市的目的。

日光温室早春茬瓜类蔬菜栽培，定植后温光条件已开始好转，秧苗缓苗、发棵正常。但是大、中棚春茬瓜类，定植后难免遇到寒流，所以对秧苗要求严格，必须加强秧苗锻炼，定植前5～7天控水降温，夜间降到5℃的低温需经历2～3次，以提高抗寒性。

（三）小拱棚和地膜覆盖瓜类苗期管理

育苗多在冷床进行，在定植前不但要进行低温炼苗，还要通过大通风，提高抗风能力。并且要尽量培育长龄大苗，以达到早熟的目的。

（四）秋冬茬、秋茬苗期管理

日光温室秋冬茬，大、中棚秋茬瓜类蔬菜，苗期正处在高温强光，昼夜温差小的季节，秧苗容易徒长，需要就近设置小拱棚，覆盖遮阳网，降低光照强度，防止高温徒长。在水分管理上以见干见湿为原则。黄瓜和西葫芦幼苗，在 2 叶 1 心时，用 160 ~ 200ppm 乙烯利喷叶面，增加雌花数，降低雌花着生节位。

五、嫁接育苗

温室大棚栽培瓜类蔬菜，轮作倒茬困难，连作很难避免，黄瓜、西瓜、甜瓜等，枯萎病发生严重。近年已经普遍采用嫁接育苗，利用对枯萎病免疫的黑籽南瓜、葫芦、瓠瓜作砧木，进行嫁接换根，不但能有效地防止病害发生，还因为根系发达，吸收能力强，使植株生长旺盛，并增强耐低温能力，可提高产量和品质。

（一）黄瓜嫁接

1. 砧木准备　云南黑籽南瓜种子后熟期长，新种子发芽率很低（不超过 40%），只宜用前一年采收的种子。如果用新种子，可用 0.3% 过氧化氢浸泡 8 小时，在 12 ~ 14℃ 条件下晾晒 18 小时，发芽率可达到 80% 以上。

云南黑籽南瓜种子每 500 克有种子 2000 粒左右，发芽率按 80% 计算，去掉损耗，每 667 平方米黄瓜栽培面积，需播种量 1.5 千克。

黑籽南瓜播种方法与黄瓜相同，利用沙床播种，刚出现真叶时为嫁接适期。

2. 靠接　黄瓜比黑籽南瓜早播 3 ~ 4 天，播种后适当多浇水，提高夜间温度，使砧木和接穗下胚轴适当伸长，砧木下胚轴 6 ~ 7 厘米，接穗下胚轴 7 ~ 8 厘米，以免定植后接口接触地面而感病。

沙床浇水后，把砧木、接穗苗同时起出，先拿起砧木挖掉生长点，用刀片在子叶下 0.5 ~ 1 厘米的下胚轴上，自上而下按 30° ~ 40° 角斜切一刀，深度为下胚轴粗的 1/2，再取接穗，在子叶下 1.2 ~

1.5 厘米处的下胚轴自下而上斜切一刀，深度为下胚轴的 3/5，角度为 30°，把砧木和接穗的切口互相嵌入，用嫁接夹固定。接后立即栽入装营养土的容器里，浇足水摆入苗床。

靠接比较费工，其优点是嫁接后仍保留一部分接穗的根，容易成活，特别是在环境条件较差的情况下成活率较高。

3. 插接　接穗需晚播 3～4 天。嫁接时把接穗和砧木同时起出，先把砧木生长点挖掉，用与接穗下胚轴粗细相同的竹签，从右向左侧子叶的主脉斜插 5～7 毫米深，不插破下胚轴表皮，拿起接穗，在子叶下 8～10 厘米处斜切 2/3，切口长 5 厘米左右，再从另一侧下刀，把下胚轴切成楔形，拔出竹签插入接穗，栽入容器，摆入苗床。

插接操作简便，嫁接速度快，接穗与砧木接触面大，发育好，但是成活过程中对环境条件要求严格，嫁接后苗床的环境条件必须符合要求，才能成活。

（三）西瓜嫁接

1. 砧木选择　用葫芦和瓠瓜作砧木，不但防枯萎病，长势旺盛，提高抗逆性，还能增进品质。用日本由瓠瓜中选育的专用砧木"相生"、20 世纪 80 年代大连市农科所由瓠瓜选育的瓠砧 1 号、沈阳市农科所选育的西砧 1 号，嫁接西瓜表现都比较好。近年随着西瓜栽培面积的扩大，普遍用瓠瓜作砧木。

2. 嫁接方法　西瓜嫁接方法与黄瓜嫁接方法相同，可靠接也可插接。

（四）甜瓜嫁接

1. 砧木选择　甜瓜嫁接起步较晚，尚无专用品种，目前多用云南黑籽南瓜作砧木。

2. 嫁接方法　与黄瓜、西瓜嫁接方法相同，可采用靠接和插接。

（五）嫁接苗管理

嫁接后栽入容器，摆入苗床，扣上小拱棚。白天保持25～30℃，夜间15～17℃，棚内空气相对湿度95%以上，上午10时至午后16时遮光。3～5天后逐渐增加见光时间，相对湿度降至70%～80%，白天温度控制在22～25℃，夜间15℃左右。8天左右撤下小拱棚，转正常管理，靠接苗10天左右撤掉嫁接夹，断掉接穗的根。

嫁接后15天左右转正常管理，2片真叶展开后，白天温度25～30℃，夜间13～15℃，西葫芦温度可低2～3℃。水分管理以见干见湿为原则，定植前5～7天进行低温炼苗。

第三节 定植

一、整地施基肥

667平方米撒施有机肥5000～10000千克。施肥量多少主要依据有机肥质量和不同茬口的生育期长短，冬春茬生育期长应多施，其他茬口生育期短，可适当减少。

施肥后深翻细耙，使粪土掺和均匀，即可开沟或做畦，准备栽培。

二、定植时期、方法及密度

瓜类蔬菜保护地栽培，不同种类、不同茬口、不同栽培方式，定植的时期、方法、密度均有差异。

（一）黄瓜定植

1. 日光温室冬春茬黄瓜定植　11月下旬至12月上旬定植。大行距80厘米，小行距50厘米，开浅沟，按株距25厘米摆苗，脱下容器，从行间取土培埂，浇足定植水（每株秧苗浇水量1.5~2升），水渗下后，株间点施磷酸二铵，667平方米40~50千克，然后培垄，垄高13~15厘米。用小木板刮光垄台、垄帮，在小行距两垄上覆盖地膜，开纵口把秧苗引出膜外，用湿土封严膜口。667平方米栽苗3700~3800株。

2. 日光温室早春茬黄瓜定植　立春前后定植，做成1.2米宽的硬埂畦，在畦面上开两条浅沟，按2.5厘米左右株距摆苗，方法与冬春茬相同，667平方米栽苗3900~4000株。

3. 大、中棚春茬黄瓜定植　提前覆盖大、中棚薄膜烤地，争取提早化冻土壤。当棚内土壤融化10厘米深时，即可做成1米宽的畦，隔畦直播小白菜、茼蒿、茴香、水萝卜，或栽生菜、油菜等耐寒蔬菜，空畦准备定植黄瓜。

黄瓜定植需要棚内10厘米地温稳定通过10℃以上，最低气温不低于3℃时进行。定植时在空畦内按50厘米行距开两条沟，按株距17~19厘米摆苗，脱下容器，培少量土，浇水，过两天表土见干时细致松土，每667平方米栽培4000株左右。

4. 小拱棚短期覆盖定植　在终霜前20天左右定植，做成1米宽的畦，长6~8米，畦面撒施农家肥深翻细耙，按45厘米行距开两条定植沟，按33厘米株距栽苗，每667平方米栽苗4000株左右。

5. 地膜覆盖黄瓜定植　普通地膜覆盖栽培与露地黄瓜定植时期相同，做成1.2米宽畦，畦内开两条沟栽苗，浇水封掩后做成两条垄，覆盖地膜。栽培方法、密度基本与露地栽培相同。改良地膜覆盖，可在终霜前10天左右定植。

6. 秋冬茬、秋茬黄瓜定植　日光温室秋冬茬黄瓜，大、中棚秋茬黄瓜，除了定植期有差别外，定植方法完全相同。

大、中棚秋茬黄瓜，比露地秋茬黄瓜晚栽20~30天，日光温室秋冬茬黄瓜比大、中棚晚20~30天，以免产量高峰相遇。

（二）冬瓜定植

冬瓜对温度、光照要求严格，温室大棚栽培必须在采光科学、保温性能优越的日光温室才能进行。近年日光温室冬春茬冬瓜、早春茬冬瓜栽培刚刚起步，因为冬瓜极耐贮藏，所以其他形式的保护地栽培尚很少进行。

冬春茬冬瓜在日光温室内的极端最低气温 8℃以上才能进行种植，定植期在 11 月末至 12 月上旬；早春茬冬瓜在立春前后定植。从定植期向前推算 45 天育苗。

冬瓜定植方法与冬春茬黄瓜相同。大行距 80 厘米，小行距 50 厘米，株距 38 ~ 40 厘米，667 平方米栽苗 2400 ~ 2500 株，在小行距的两垄上覆盖地膜。

（三）西瓜定植

1. 日光温室早春茬西瓜定植　2 月上中旬定植。按行距 1 米（做成 1 米宽的畦，畦做一条垄）、株距 50 厘米栽苗，667 平方米的日光温室，去掉靠后墙处的通路，实际栽培面积只剩 610 平方米左右，一般西瓜品种栽苗 1200 株左右，极早熟的小型西瓜品种可栽苗 2000 株左右。栽完苗垄台上覆盖地膜。

2. 大、中棚西瓜定植　大、中棚西瓜普遍采用匍匐栽培，行距 1.8 米，株距 45 ~ 50 厘米，667 平方米栽苗 700 ~ 800 株，覆盖地膜。大、中棚西瓜定植，需要棚内 10 厘米地温稳定通过 13℃以上，最低气温保持 5℃以上为适期。

（四）双膜覆盖西瓜定植

经过秋天翻耙的土地，按 60 厘米开沟，施有机肥于沟中，合垄后镇压保墒，从一侧开始留出两条垄，第三、第四垄准备栽西瓜，以后隔 4 条垄留两垄栽西瓜，不栽西瓜的垄提早直播水萝卜，或栽油菜、生菜等速生蔬菜。

终霜前 7 ~ 10 天定植西瓜于垄台上，株距 45 ~ 50 厘米，浇足定植水，封埯后两垄上覆盖地膜，上面扣小拱棚，垄长 8 ~ 10 米设置水道。667 平方米栽苗 700 ~ 800 株。

（五）甜瓜定植

甜瓜与西瓜定植方法基本相同，分为支架或吊蔓栽培和匍匐栽培。

1. 支架或吊蔓栽培定植　大行距80厘米，小行距60厘米，株距40厘米左右。日光温室667平方米栽苗2350株左右，大、中棚栽苗2500株左右。

定植时期：日光温室1月下旬；大、中棚10厘米地温稳定通过13℃以上，极端最低气温不低于5℃；双膜覆盖栽培，终霜前20天左右。

2. 匍匐栽培定植　大行距70厘米，小行距50厘米，株距40～45厘米。日光温室667平方米栽苗2250～2500株；大、中棚和双膜覆盖，667平方米栽苗2500～2700株。定植时间与支架或吊蔓栽培相同。

（六）苦瓜定植

苦瓜枝叶繁茂，需要适当增大行距，减少栽苗株数，只宜立支架栽培，不能匍匐栽培。

按大行距1米，小行距60厘米做垄，在垄台上按38厘米株距定植。日光温室667平方米栽苗2000株左右，大、中棚栽苗2200株左右。定植后在小行距的两垄上覆盖地膜，开纵口把秧苗引出膜外，用湿土封严膜口。

（七）丝瓜定植

丝瓜也属于枝叶繁茂的瓜类蔬菜，日光温室667平方米栽苗2000株左右，大、中棚栽苗2200株为适宜，栽苗方法可与苦瓜相同。

第四节 定植后的管理

一、日光温室冬春茬管理

（一）缓苗期管理

定植后需要在高温高湿环境条件下缓苗。密闭保温，白天不超过32℃不需要通风，夜间保持15℃以上，晴天中午温度超过32℃可通顶风。定植要浇足水，缓苗期间不浇水。

（二）初花期管理

缓苗后幼苗期尚未结束，仍按幼苗期管理（参看育苗部分）。5~6片叶展开，茎蔓开始伸长，不能直立生长，到第一条瓜坐住，即进入了初花期。

1. 温度管理　黄瓜白天保持25~28℃，午后降至15℃时放下草苫，前半夜保持15℃以上，后半夜11~13℃；西葫芦低于黄瓜3℃左右；冬瓜、苦瓜、丝瓜高于黄瓜3℃左右。'

2. 光照调节　冬春茬瓜类蔬菜栽培，初花期正处在日照时间短、光照弱的季节，应尽量早揭晚放草苫，争取延长见光时间，每天揭开草苫要清洁前屋面薄膜，提高透光率。最好在后墙部位张挂反光幕，增加后部光照强度。

3. 水肥管理　冬春茬瓜类蔬菜，定植后处在光照不断减弱、日照时间不断缩短、温度下降的环境条件下，对瓜类生育不利的时间长达一个半月之久。为了提高植株的抗逆性，为结果期打好基础，必须控制水分，促进根系发育，控制地上部生长，只要土壤不干旱，不会影响正常生长，就不要浇水。发现水分不足，生长受到抑制时，可选晴天上午，揭开垄端地膜，从暗沟中少量浇水，有滴灌设备的，可适量滴灌。

（三）结果期管理

第一条瓜坐住就进入了结果期。冬春茬瓜类蔬菜的结果期最长，经历的环境条件变化也比较大，管理的关键是调节营养生长和生殖生长的平衡，既要防止徒长，又要避免早衰。

1. 温度管理　进入结果期以后，日照时数增加，光照增加，外界温度升高，温光条件已经完全满足需要，不会出现低温危害，但是仍然要保持10℃以上的昼夜温差。

黄瓜白天25～30℃，夜间15～20℃，后半夜不应超过15℃；冬瓜、苦瓜、丝瓜，温度可高2～8℃；西葫芦应比黄瓜低2～3℃。

2. 水肥管理　第一条瓜接近采收时，开始追肥浇水，667平方米追施硝酸铵或尿素10～15千克，溶于水中，随水灌入暗沟中。前期10～20天浇1次水，隔1次追肥，进入结瓜盛期5～10天浇1次水，追肥仍隔1次进行。追肥和浇水需明沟与暗沟交替进行。明沟在浇水后，表土见干时应进行浅松土保墒，结合除草。

二、日光温室早春茬管理

日光温室早春茬瓜类蔬菜栽培，生育期比冬春茬瓜类缩短60多天，采收期更短。所以，在栽培技术上，采取培育长龄大苗，在管理上，采用促进早缓苗、快发棵；偏高温、大水、大肥，促进早采收，提高采收频率，在有限时间内获得高产。

（一）温度管理

定植后密闭保温，促进缓苗，缓苗期西葫芦超过28℃，黄瓜超过32℃，西瓜、甜瓜、苦瓜、丝瓜超过35℃时通风。

缓苗后进行7～10天的促根控秧，适当降低温度，然后逐渐提高到适宜温度：黄瓜白天25～30℃，夜间15～13℃；西葫芦白天21～23℃，夜间13～11℃；其他瓜类白天25～32℃，夜间18～15℃。进入结果盛期后，进行偏高温管理，尽量控制在适宜温度范围的上限，促进生长发育迅速，提高采收频率。

（二）水肥管理

第一条瓜坐住，开始膨大时追肥，667 平方米追施硫酸铵 15 ~ 20 千克，溶于水中，随水灌入膜下的暗沟中。黄瓜根系浅，生长快，采收频率高，浇水宜勤；西葫芦根系强大，吸收能力强，容易徒长，浇水次数、浇水量应比黄瓜少；冬瓜吸收能力比黄瓜强，应介于黄瓜和西葫芦之间；西瓜一般只浇催苗水，催蔓水，促瓜水；甜瓜需水量近似西瓜；苦瓜和丝瓜需水量与冬瓜接近。

进入结果期以后，黄瓜和冬瓜 5 ~ 7 天浇 1 次水，隔 1 次水追 1 次肥，大小行交替进行，每次浇水量要充足，追肥不宜单追氮肥，追三元复合肥每次 667 平方米 20 ~ 30 千克。

西瓜水肥管理与其他瓜类不同，从定植到采收需浇 3 次水、追 2 次肥。定植缓苗后浇 1 水催苗，然后蹲苗；抽蔓后追肥浇水催蔓，然后蹲瓜；瓜坐住开始膨大时追肥浇水催瓜。

甜瓜的水肥管理与西瓜近似，氮肥和水分过多降低品质。

西葫芦根系强大，吸水吸肥能力强，植株容易徒长，需肥水比黄瓜、冬瓜少，比西瓜、甜瓜多；苦瓜、丝瓜对肥水要求与西葫芦接近，但因枝叶繁茂，盛果期对水肥需要量大，可参照冬瓜进行。

三、大、中棚春茬管理

大、中棚瓜类蔬菜，定植期比日光温室早春茬晚 60 多天，而拉秧期接近，因为定植缓苗后，很快进入温光条件对瓜类生育最佳时期，只要掌握好温、湿度和肥水条件，就会生育迅速，获得较高产量。

（一）温度管理

定植后密闭不通风，促进缓苗。因大、中棚覆盖普通薄膜，内表面布满水滴，晴天温度很高，也不会灼伤叶片，缓苗期间可不通风。如果遇到寒流强降温，可在畦面扣小拱棚保温。

缓苗后，黄瓜超过30℃通风，西葫芦超过25℃通风，西瓜、甜瓜、冬瓜、苦瓜和丝瓜超过35℃通风，并且尽量延长高温时间。因为大、中棚昼夜温差大，白天温度偏高也不会徒长。当外界最低气温达到12℃时，西葫芦夜间不再闭风，其他瓜类外界最低气温达到15℃时昼夜通风。但是棚膜始终不能撤掉，降水时要关闭风口，防止雨水浇灌。

（二）肥水管理

定植水要浇足，缓苗期不浇水，缓苗后进行一段促根控秧。第一条瓜坐住时开始浇水追肥。前期保持土壤见干见湿，进入结果盛期后，浇水追肥要勤，始终保持土壤湿润。浇水在晴天上午进行，浇水后加强通风。追肥可参照日光温室早春茬瓜类，一般浇 2 次水追 1 次肥。西瓜、甜瓜的肥水管理可参照日光温室早春茬。

四、秋冬茬、秋茬管理

日光温室秋冬茬，大、中棚秋茬瓜类，定植时处在高温强光季节，昼夜温差小，对黄瓜、西葫芦生育不利，其他瓜类尚能适应。随着时间的推移，进入了温光条件适宜期，时间不很长，又出现了外界温度逐渐下降，日照时间不断缩短，光照也开始减弱的情况。瓜类蔬菜生育过程所经历的环境条件，与冬春茬、早春茬正相反，所以管理技术也不相同。

（一）温度管理

从定植开始，日光温室和大、中棚昼夜通风。棚膜经过春夏，透光率已下降，光照强度明显低于露地，气温和地温也比露地低，对瓜类生育相对有利。

当外界气温降到15℃以下时，除西葫芦外的瓜类蔬菜夜间闭风，只在白天通风；西葫芦在外温降到12℃以下时闭风。

随着外界温度的下降，逐渐缩小通风量，减少通风时间，最后密闭不再通风。日光温室夜间气温不能保持10℃以上时，开始覆盖草苫。

（二）水肥管理

定植后由于温度高，通风量大，土壤水分蒸发快，应勤浇水，保持见干见湿。缓苗后进行松土保墒，短时间蹲苗，根瓜坐住后追肥结合浇水。

结果前期温光条件适宜，生长发育迅速，应勤浇水、追肥，随着温度下降，通风量减少，浇水次数和浇水量也相应减少。在采收盛期加强肥水，浇2次水追1次肥，后期不需追肥，不旱不浇水。

五、小拱棚短期覆盖管理

（一）温度管理

定植后立即扣上小拱棚，浇足定植水后密闭不通风。缓苗后，接近中午棚内温度升高，揭开小拱棚两端薄膜通风，随着外界温度升高，从背风的一侧支开几处薄膜通侧风，过几天再从逆风的一侧通风，再过几天由两侧支开几处薄膜通对流风。通对流风后，选南风的晴天，早晨揭开薄膜大通风，傍晚重新覆盖通对流风。定植一个月左右，外界气温已经完全符合瓜类生育要求，可在早晨、傍晚或阴雨天气，撤掉小拱棚转为露地生产。

（二）水肥管理

在大通风前只灌水，不进行其他管理。定植初期，一旦遇到寒流，小拱棚内大灌水，在一定程度上有防冻作用。在通风量不断加大的情况下，水分蒸发快，应保持水分充足。撤掉小拱棚后再进行追肥，转入露地正常管理。

第五节 栽培植株调整

瓜类蔬菜种类、茬口较多，又分为支架或吊蔓栽培、匍匐栽培。各种瓜类的整枝也不相同。

一、黄瓜植株调整

（一）吊蔓和缠蔓

黄瓜5~6片叶展开后，不能直立生长，需立支架或用塑料绳吊蔓。20 世纪 80 年代以来，由于架材的价位较高，遮光多，已改为用塑料绳吊蔓。钢架温室，塑料绳上端拴在拱杆上，下端拴在黄瓜秧的基部；竹木结构温室，需要在前屋面顶端南北拉一道细铁丝，塑料绳上端拴在细铁丝上。

随着黄瓜蔓的伸长，不断缠绕在塑料绳上，缠蔓时要调节高度，使龙头排列在南低北高的一条斜线上，同时把雄花和卷须摘除。嫁接苗发生的萌蘖也要及时摘除。

（二）打老叶和落蔓

黄瓜的叶片有幼龄叶、壮龄叶（功能叶）和老龄叶。幼龄叶的叶绿体不完善，光合作用效率低，还要靠壮龄叶供给养分，壮龄叶担负着供给生长点、雌花、雄花、卷须、瓜条、分枝的养分。由幼龄叶发展到壮龄叶，养分有剩余，但是壮龄叶逐渐变成老龄叶时，老龄叶由于光合产物已没剩余，很快变成依靠壮龄叶提供养分。老龄叶还容易发病，传播病害，所以应在光合产物无剩余时就打掉。

日光温室冬春茬黄瓜生育期长，不宜摘心，茎蔓可达 70 节以上，温室的空间有限，即使曲形缠蔓也长不开，需要落蔓两次。落蔓的方法是在吊蔓时，塑料绳上端留出足够的长度，落蔓时只要松开顶部即可下落。落下的茎蔓是打掉老叶的基部老蔓，盘放于植株基部。其他茬口的黄瓜，可在 25 片叶时摘心，促进结回头瓜。

萌发侧枝的黄瓜品种，10 节以下的侧枝摘除，上部可保留 2 ~ 3 个侧枝，在瓜条前留 1 ~ 2 片叶摘心，以主蔓结瓜为主，以利通风透光。

二、冬瓜植株调整

（一）插架绑蔓

每株冬瓜，用细竹竿，在植株两侧各插一根，顶端绑在一起呈“人”字形，再用一根细竹竿把架连成一体。随着茎蔓的伸长，绕着架杆绑住，龙头排列在南高北低的一条斜线上。

（二）整枝、留瓜

每株冬瓜只留主蔓，各叶腋发生的侧枝及时摘除。

小型冬瓜品种雌花出现早，有的品种隔节或节节有雌花，应在坐瓜后，按植株长势，间隔4～5节选留一个瓜形标准的瓜，集中养分，促其迅速膨大。瓜重达500克左右时，用草圈托住底部，把草圈用塑料绳吊在架上。

三、西瓜植株调整

（一）上架西瓜植株调整

每株西瓜留一条主蔓和一条侧蔓（子蔓），其余各叶腋发生的侧蔓全部及时摘除。两条蔓分别曲形绑在架杆上，插架方法同冬瓜。

两条蔓上各选留第二雌花坐的瓜。当瓜膨大到碗口大小时，选留一个瓜，另一个瓜摘除，留瓜的蔓作为结果蔓，在瓜前留5～6片叶摘心，另一条蔓作为营养蔓不摘心。西瓜超过500克时用草圈吊瓜，方法同冬瓜。

（二）匍匐栽培西瓜整枝

大、中棚和双膜覆盖西瓜均不立支架，匍匐生长。每株西瓜留两条蔓，向同一方向延伸。调整好茎蔓的距离，选留瓜的方法与上架西瓜相同。大、中棚西瓜不用压蔓；双膜覆盖西瓜，为防被风吹翻茎蔓，需要用湿土压蔓。西瓜膨大后需用草把底部垫上。

四、甜瓜植株调整

（一）上架甜瓜植株调整

用细竹竿插架，单蔓整枝插一根细竹竿，双蔓整枝插两根细竹竿，架顶纵横用细竹竿连成整体，增加稳固性。

5～6片叶时开始绑蔓，单蔓整枝主蔓不摘心，中部12～15节叶腋处发生的子蔓，作为结果蔓，坐瓜后选留其中两条蔓，每蔓上结一个瓜，瓜前留两片叶摘心。其余子蔓全部摘除，主蔓长到25～30片叶摘心，最上部留两条子蔓，留3～4片叶摘心。

双蔓整枝，在幼苗3～4片叶展开时摘心，选留两条子蔓，引到架上，在子蔓的中部11～12节处选留结果蔓，坐果后在果前留1～2片叶摘心，每个子蔓留一个果，25～30片叶摘心。双蔓整枝，667平方米要少栽500株秧苗，但是单瓜较大，产量并不低。

（二）匍匐栽培甜瓜整枝

主蔓5片叶时摘心，选留3～4条子蔓，子蔓5～6片叶摘心，在孙蔓上结瓜，孙蔓在花前留2～3片叶摘心，生长繁茂可适当摘除不结瓜的孙蔓，每株保留50～60个叶片。

大型品种每株留 1 ~2 个瓜，小型品种留 3 ~4 个瓜。坐瓜后一般不再摘心，以增加叶面积，促进果实发育。

五、苦瓜植株调整

（一）立支架

苦瓜侧蔓多，应插篱笆架，使茎蔓比较充分地分布在架上。有条件最好用尼龙线织成网架，既可减少遮光，茎蔓又能分布均匀。

（二）整枝

苦瓜以主蔓结瓜为主。由于主蔓生长很快，分枝能力强，任其生长，过多的侧枝，过多的结果，不但果实发育慢，大小不整齐，采收延迟，品质也较差，所以必须进行整枝。

一种方法是距地面 50 厘米以下的侧蔓及时摘除，主蔓长到架顶时摘心，留 3 ~5 条强壮的侧蔓结瓜，侧蔓结两条瓜再摘心。在绑蔓时应摘除卷须和雄花，使侧蔓分布均匀，及时摘除细弱或过密及衰老的枝蔓，减少遮光。

另一种方法是在主蔓长到 1 米左右时摘心，留两条健壮的侧蔓代替主蔓，发生的二级侧蔓适当保留。

以上两种方法可根据情况采用。

六、丝瓜植株调整

丝瓜可采用与苦瓜相同的篱笆架。因蔓较长，可在基部采取盘条压蔓的方法，绑蔓采取曲形（“之”字形）以免很快爬满架。

除主蔓外选留 2～3 条健壮侧蔓，保证主侧蔓都结瓜。其余的侧枝和卷须及时摘除，集中养分促进果实发育。

第六节 病虫害防治

一、生理障害防治

瓜类蔬菜生长发育过程中，有时因环境条件的影响，使正常的新陈代谢受到破坏，导致植株生长不正常，造成减产，严重时植株死亡。这种非病原菌侵染的病害，属于生理障害。

瓜类蔬菜的生理障害是多方面原因引起的，其中包括营养元素缺乏，光照不足或过强，温度过低或过高，通风过大或过小，土壤盐类积聚和有害气体等。

（一）营养元素缺乏症

1. 缺氮　氮是叶绿素的主要成分，光合作用与叶绿素的多少有关，氮素多则叶绿素形成多，光合作用旺盛；缺氮则叶绿素减少，叶色变浅，严重时失去绿色，不能进行光合作用，导致叶片干枯脱落。瓜类蔬菜缺氮时，先从基部叶片失绿、枯黄，最后干枯脱落。

土壤中氮素不足，浇水过量更容易造成缺氮。一旦发现缺氮，应立即追施尿素、硝酸铵等氮肥。

2. 缺磷　磷的作用是促进幼苗生长和花芽分化。瓜类蔬菜生育前期缺磷茎叶细小，叶色深绿无光泽，叶柄呈现紫色，根系发育不良，生长慢，植株矮小，生育延缓。

【缺磷原因】在酸性土壤中，磷容易被铁、镁固定而失效，造成缺磷。土温过低，偏施氮肥量大，也能导致缺磷。

【防治方法】增施磷酸二铵、过磷酸钙，或叶面喷施磷酸二氢钾。

3. 缺钾　钾对细胞分裂、碳水化合物转化有重要作用。缺钾最明显的表现是叶缘出现灼伤状，而老叶片更明显，并且可使叶片变小，生长缓慢，叶缘黄绿，最后失绿坏死。

【缺钾原因】钾肥的施用量过少，另外，光照不足、地温低、土壤过湿阻碍了对钾的吸收，或因施氮肥过多，产生对钾吸收的拮抗作用。虽然土壤中不缺钾，因阻碍了吸收，植株会表现出缺钾症状。

【防治方法】增施含钾有机肥、草木灰，也可叶面喷1%磷酸二氢钾，或追施硫酸钾。

4. 缺钙　钙对蛋白质的合成、碳水化合物的输送、作物体内有机酸的形成都起着重要作用。缺钙幼龄叶的叶缘失绿，叶片扭曲，严重时生长点死亡，根尖受影响。

【缺钙原因】土壤过酸容易缺钙，氮、磷、钾施用量过多，土壤干燥，土壤溶液浓度大阻碍钙的吸收。空气湿度小，蒸发量大，水分供给不足，都会影响钙的吸收，表现出缺钙症状。

【防治方法】增施有机肥，在酸性重土壤中，可在施基肥时加入10%的石膏，生育期间发现缺钙，可用0.3%的氯化钙喷叶面，1周喷2次，效果明显。

5. 缺镁　镁是构成叶绿素的重要元素，缺镁叶片黄化，严重时粗叶脉的两侧残留绿色，叶脉间出现坏死现象。

【缺镁原因】一般沙土、沙壤土、酸碱性土壤容易缺镁。另外，施钾过多也会抑制镁的吸收，而呈现缺镁症状。

【防治方法】增施有机肥，发现缺镁现象，可用1%～2%的硫酸镁水溶液喷叶面，隔1周喷2～3次。

6. 缺硼　硼除了增强光合作用，促进碳水化合物的合成，还具有运输糖的代谢、调节瓜类作物体内有机酸的形成和运转，使其不在体内积累的作用。缺硼会使根系不发达、生长点死亡、花器发育不全、果实畸形。

【防治方法】增施有机肥，提高土壤肥力，补钾和补钙时，要及时浇水，防止土壤干燥造成缺硼。一旦发现了缺硼症状，应急的措施是用0.12%～0.25%的硼砂，或硼酸水溶液，喷施叶面。

（二）盐类积聚的障害

日光温室和塑料大棚，一次建成，连续生产，施肥量大，很少受到雨水淋溶，土壤盐类积聚是不可避免的。土壤的盐渍化，会造成一些瓜类蔬菜伤根，影响根系对养分的吸收，使植株矮小，叶色浓绿，根毛少，严重时根系变锈色而枯死。能使茎的生长点萎缩，心叶褪绿，叶柄未展开就向内弯曲，中上部叶片镶金边，容易发生病害，植株早衰。

【防治方法】夏季进行一段休闲，大灌水洗盐，用水冲洗土壤，再排出棚室外，使溶于水中的盐类流出棚室，反复进行2～3次，可把大量的积盐冲走。

增施有机肥，以肥压盐，最好使用玉米秸沤制的堆肥。在追肥时应多用复合肥，少用单一化肥，施磷钾肥不宜过晚，氮、磷、钾肥应交替施用。

（三）光照条件不适宜的障害

1. 光照不足　日光温室和大、中棚冬春季栽培，由于日照时间短、光照弱，特别遇到连续阴天，光照不足，容易造成落花，降低坐瓜率、化瓜。特别是日光温室冬春茬栽培，由于光照不足，引起的生理障害最为严重。解决的办法是覆盖无滴膜，每天揭草苫后清洁前屋面薄膜，在后墙部位张挂反光幕。

2. 光照过强　北方春末夏初季节，由于光照充足，大、中棚通风不及时，气温会上升到40℃左右，不但影响光合作用的正常进行，还容易引起化瓜，出现畸形瓜。

秋茬黄瓜、西葫芦，幼苗期间由于光照强，温度高，空气干燥，容易诱发病毒病，最好覆盖遮阳网，减弱光照强度。

（四）温度条件不适宜的危害

1. 低温障害　低温冷害是冬春茬、早春茬、春茬瓜类蔬菜栽培容易发生的现象。瓜类蔬菜幼苗期，遭受轻微冻害，叶片边缘失绿，出现镶金边现象，但真叶能正常生长。定植后遇到短期低温，叶片边缘受冻，开始呈暗绿色，逐渐干枯；地温低老根发黄，不生新根，逐渐死亡。

防止低温冷害的对策是定植前进行低温炼苗，选坏天气刚过，好天气开始时定植。遇到寒流强降温天气，在棚室内扣小拱棚保温，日光温室可临时补助加温。

2. 高温障害　日光温室和塑料大、中棚，在晴天，光照充足时，气温上升快，当气温升高到作物呼吸强度大于光合作用时，光合贮备物质被大量消耗掉，尤其是夜温高，会使瓜类作物徒长，茎蔓细，节间长，叶片薄，叶色淡，影响花芽分化，容易落花落果，出现畸形果。

所以棚室栽培，调节温度非常重要。特别是黄瓜和西葫芦，必须严格掌握温度，防止高温危害。

二、病害防治

瓜类蔬菜的病害有土传病害、气传病害和病毒病。

土传病害有枯萎病和疫病。黄瓜、西瓜、甜瓜、冬瓜均有发生，尤以黄瓜、西瓜、甜瓜发病普遍，西葫芦不发病，苦瓜、丝瓜也很少发生。

气传病害中的霜霉病、白粉病、炭疽病，除黄瓜外，西葫芦、冬瓜、苦瓜、甜瓜都有发生，而黄瓜的气传病害最多。除上述病害外，还有细菌性角斑病、黑星病、菌核病。

病毒病在多数瓜类上都能发生，其中以西葫芦、黄瓜、西瓜、甜瓜发病较多，西葫芦最容易发病。

（一）霜霉病

各地均有发生，是瓜类蔬菜常见的病害，苗期、成株期均能发病。苗期发病在子叶上出现褪绿斑点，扩展后变黄褐色病斑，湿度大时背面产生灰色霉层，严重时子叶变黄干枯。成株发病多开始于中部叶片，向上下部扩展，最后除顶部几片小叶外，整株叶片发病。开始发病时叶片上出现水渍状浅绿色斑点，扩展很快，1～2天内因受叶脉限制而呈多角形水渍状病斑。尤以早晨水渍状角斑明显，中午稍隐退，反复两天后水渍状病斑变为黄褐色，湿度大时病斑背面出现灰色霉层。严重时叶片布满病斑，病斑连片使叶片卷缩干枯，最后叶片枯黄而死。

【病原菌】霜霉病的病原菌属鞭毛菌亚门真菌。霜霉病的发生与温、湿度关系极为密切。病菌喜温、湿条件，萌发和侵入需叶面有水滴存在。气温低于15℃，高于28℃不利于发病，发病适宜温度为15～22℃。叶面存有水膜（滴）时，孢子囊一个半小时就能萌发，两个小时左右完成侵入而引起发病。病斑形成后，相对湿度达85%以上时，4个小时病斑上就可产生孢子囊。条件适宜时病菌由气孔侵入到发病，潜育期只有3～5天，因此一个生长季节病菌可侵入多次。

【防治措施】选用抗病品种，培育适龄壮苗，定植后控制好棚室空气湿度，减少结露时间。

发现霜霉病中心病株，及时摘除病叶，喷药防止病害发展。药剂可选用25%甲霜灵可湿性粉剂1000倍液，或80%大生可湿性粉剂800倍液，或72%克露可湿性粉剂600～800倍液，或47%加瑞农可湿性粉剂600～800倍液，或72.2%普力克水剂800～1000倍液，或72%克露氰可湿性粉剂600～800倍液，或68%倍得利可湿性粉剂800～1000倍液喷布；也可喷撒5%百菌清粉尘剂，或防霉灵粉尘剂，667平方米用量为1000克；也可用沈阳农业大学研制的烟剂1号，667平方米350克熏烟。

（二）炭疽病

除黄瓜外，还危害西瓜、甜瓜和苦瓜，已成为保护地重要病害，苗期、成株期均可发病。

苗期发病多在子叶边缘产生半圆形、子叶中央产生圆形淡褐色稍凹陷病斑，病斑上生有橘红色黏质物。有时幼茎接近地面处发病，产生淡褐色病斑，后病部缢缩，幼苗倒折死亡。

成株期发病，最主要是叶片受害，叶片上病斑呈圆形或近圆形，直径10～15毫米，也有稍小的和稍大的。病斑红褐色，边缘常有红色晕圈，湿度大时病斑上溢出少许橘红色黏质物，干燥时病斑中部有时出现星形破裂。

近年，茎叶发病增多，茎蔓上病斑椭圆形或长圆形，黄褐色，稍凹陷，有琥珀色胶质物溢出，严重时病斑连接或包围主茎，致使病部以上茎枯死。

果实上发病，以老熟的种瓜为主，病斑圆形，初污绿色，后暗褐色，凹陷，有时开裂，湿度大时病斑中央溢出大量橘红色黏质物。

【病原菌】炭疽病的病原菌为葫芦科刺盘孢菌，属半知菌亚门真菌，可侵染多种瓜类。

病菌以菌丝体或拟菌核随病残体在土壤中越冬，也可潜伏在种子内部，或分生孢子黏附在种子表面越冬。在适宜条件下产生分生孢子，进行初侵染发病。发病后病部产生大量分生孢子，借气流、水溅、农事操作、昆虫等传播。分生孢子萌发产生芽管，从伤口或直接穿透表皮侵入，潜育期3～5天，再侵染频繁，病势发展较快。

病菌在8～30℃范围内均可生长发育，适宜温度为24～25℃，相对湿度95%以上，对发病最有利。排水不良，通风排湿条件差，植株衰弱，均容易发病。

【防治措施】进行种子消毒，实行轮作，采用高垄、高畦覆盖地膜。发现中心病株及时摘除病叶病果，及时用药剂防治。药剂可选用50%多菌灵可湿性粉剂500倍液，或80%大生可湿性粉剂500～800倍液，或50%利得可湿性粉剂800倍液，或40%用得可湿性粉剂400倍液，或2%阿司米星（武夷霉素）水剂200倍液，或80%炭疽福美可湿性粉剂800倍液，或2.5%施保克乳油3000～4000倍液喷布。

（三）白粉病

除黄瓜外，西葫芦、苦瓜都能发生。白粉病从苗期到采收期均可发生，主要危害叶片，也能危害叶柄和茎蔓。叶片发病先在叶背面出现白色小粉点，逐渐扩展呈大小不等的白色圆形粉斑，后向四周扩展成边缘不明显的连片白粉，严重时整个叶片布满白粉。白粉初期鲜白，逐渐变为灰白色，后期粉层下产生散生或成堆的小黑点，发病严重时叶片早枯。

【病原菌】白粉病的病原菌为瓜单丝壳菌，属子囊菌亚门真菌。病菌有不同专化型及生理小种，除危害瓜类外，还危害豌豆、花卉等。

瓜单丝壳菌为专性寄生菌，冬季主要在保护地瓜类植株上以菌丝体越冬，越冬后产生分生孢子，侵染寄主发病。病部产生大量分生孢子，借气流、水溅传播。分生孢子产生芽管，从叶片表皮侵入，菌丝体附生于叶片表面，以吸器伸入细胞内吸取养分。病菌入侵后几天内在侵染处形成白色菌丝状粉斑，并形成分生孢子，飞散传播进行再侵染，潜育期5天左右。

病菌喜温、湿，也耐干燥，10～30℃病菌均可活动，最适温度20～25℃，相对湿度25%～85%，分生孢子均可发芽，在高湿条件下发病较重。

【防治措施】选用抗病品种，实行轮作，加强通风透光，降低棚室湿度，防止瓜秧徒长和脱肥早衰。

常发病的温室，定植前可用硫黄熏蒸消毒，100立方米空间用硫黄250克，锯末500克点燃熏一夜。发病初期喷药防治，药剂可选用2%武夷霉素水剂200倍液，或25%粉锈宁可湿性粉剂2000倍液，或20%粉锈宁乳油1500倍液，或30%特富灵可湿性粉剂1500倍液，或47%加瑞农可湿性粉剂600～800倍液，或20%敌唑酮胶悬剂400倍液，或25%敌力脱乳油3000倍液，或12.5%速保利可湿性粉剂3000倍液，或50%嗪胺灵乳油500倍液喷布，也可用10%多百粉尘，667平方米1000克喷撒，或用沈阳农业大学研制的烟剂6号，667平方米350克熏烟。

（四）疫病

苗期、成株期均可发病。苗期发病，子叶、胚茎呈暗绿色水渍状，很快腐烂而死。成株期发病多在茎基部或节部、分枝处发生，开始时出现褐色或暗绿色水渍状斑点，迅速扩展成大型褐色、紫褐色病斑，表面长有稀疏白色霉层，之后病部缢缩，皮层软化腐烂，患部以上茎叶萎蔫、枯死。叶片发病，多在叶缘或叶柄连接处产生不规则、水渍状、暗绿色大型病斑。湿度大时，病斑扩展很快，常使叶片腐烂；干燥时，病部呈青白色，易破裂。病斑扩展到叶柄时，叶片下垂萎蔫。瓜上发病以下部接近地表为多，从花蒂部先发病，迅速扩展到全瓜。病部暗绿色，水渍状，软化凹陷，湿度大时病部表面长出稀疏白色霉层，最后腐烂。

【病原菌】病原菌为甜瓜疫霉菌，属鞭毛菌亚门真菌，可侵染多种瓜类作物。主要以卵孢子和厚垣孢子随病残体在土壤中越冬，可存活5年。卵孢子随水溅到寄主上，萌发后直接穿透种皮侵入，在25～30℃条件下，24小时即可发病。有水的条件下，发病部位4～5小时就可以产生大量孢子囊，借灌水传播。条件适宜时病害极易暴发流行。

疫病的发生与温、湿度关系极为密切，在9～37℃范围内均能发病，以23～32℃最容易发病，相对湿度需95%。疫病的发生与栽培技术措施有关，重茬发病早，病情重。灌水多，水量大发病重，蔓延快。平畦比高垄高畦发病重，偏施氮肥发病重。

【防治措施】培育适龄壮苗，采用高垄或高畦定植，覆盖地膜，增施有机肥。

发现病害及时喷药。药剂可选用25%甲霜灵可湿性粉剂800倍液，或64%杀毒矾可湿性粉剂500倍液，或75%百菌清可湿性粉剂500倍液，或43%瑞毒铜可湿性粉剂500倍液，或68%瑞毒铝铜可湿性粉剂400倍液，或72.2%普力克水剂600倍液，或72%克露可湿性粉剂500倍液，或80%大生可湿性粉剂800倍液，或77%可杀得可湿性微粒粉剂500倍液，或68%倍得利可湿性粉剂800倍液喷布。

此外，黄瓜、西瓜、甜瓜嫁接育苗，对疫病也有很好的防效。

（五）枯萎病

俗称死秧子，主要危害黄瓜、西瓜、冬瓜和甜瓜，多在成株期开花结果后陆续发病。开始时中午可见植株中下部叶片呈缺水状萎蔫，萎蔫叶片不断增多，逐渐遍及全株。开始时早晚叶片尚能恢复正常，第二天中午再次萎蔫，反复2～3天后不能再恢复。茎基部临近地面处变褐色，水渍状，随后病部表面生出白色和略带粉红色的霉状物，有时病部溢出少许琥珀色胶质物，几天后病部开始干缩，最后病部表皮纵裂如麻，整个植株蔫死。剖视病株茎蔓可见维管束呈褐色，这是区别枯萎病与其他病害造成死秧的依据。

【病原菌】枯萎病的病原菌属半知菌亚门真菌，可侵染多种植物。

病菌主要以菌丝体、厚垣孢子、拟菌核在土壤、病残体及未经充分腐熟的带菌粪肥中越冬，病菌在土壤中可存活5~6年之久。

病菌主要由根部的伤口侵入，也能直接从侧根分杈处或根尖端细胞间隙侵入。侵入后，病菌逐渐穿透薄壁细胞最后进入维管束，在导管内定居、发育，堵塞导管或病菌分泌的毒素使导管细胞中毒，影响导管的输水机能，致使瓜秧萎蔫枯死。近年，发现病菌有潜伏侵染现象，即幼苗时可被侵染但不表现症状，待定植后遇适宜条件时才表现症状而发病。

土壤温、湿度对发病影响较大，8~34℃范围内均可发病，适温为24~25℃，相对湿度90%以上最容易发病。土温15~20℃，含水量忽高忽低，不利于根系生长和伤口愈合，而有利于病菌侵入，发病严重。

【防治措施】选择抗病品种，进行种子消毒，培育适龄壮苗，进行轮作。在发病前或发病初，及时用药剂防治，控制病情发展。药剂可选用50%多菌灵可湿性粉剂500倍液，或70%甲基托布津可湿性粉剂700倍液，或40%双效灵水剂800倍液，或60%百菌通可湿性粉剂350倍液，或5%菌毒清水剂300倍液，或10%高效杀菌宝水剂200~300倍液，或20%甲基立枯磷乳油1000倍液灌根，每株灌药液300~500毫升。

另外，日光温室和塑料大、中棚黄瓜、西瓜、甜瓜，嫁接栽培已普遍采用，是防治枯萎病最有效的措施。

（六）蔓枯病

在保护地黄瓜、甜瓜、丝瓜、冬瓜上均有发生，多为成株期发病，主要危害茎蔓和叶片。茎蔓发病，多在节部出现梭形或椭圆形病斑，逐渐扩展可达几厘米长。病部灰白色，伴有大量琥珀色胶质物溢出，之后病部变成黄褐色干缩，其上散生小黑点，最后病部纵裂呈乱麻状，但维管束不变褐色，引起蔓枯。叶片发病，多在叶缘产生半圆形病斑，或自叶缘向内呈“V”字形扩展。病斑较大，直径达20～30毫米，偶有达到半个叶片。病斑淡褐色或黄褐色，隐约可见不明显轮纹，其上散生许多小黑点，后期病斑容易破裂。果实也能发病，多在幼果花器感染，呈轮纹心腐。

【病原菌】为西瓜壳二孢菌，属半知菌亚门真菌。病菌以分生孢子器或子囊壳随病残体在土壤中越冬，或以分生孢子器附着在种子表面，或黏附在架材和棚室骨架上，第二年借风雨及灌水传播。病菌喜温、湿条件，在20～25℃，相对湿度85%以上，定植密度大，通风不良容易发病。

【防治措施】选用无病种子，实行种子消毒，进行轮作，采取高垄高畦覆盖地膜。

发病初期及时拔除病株，喷布70%甲基托布津可湿性粉剂800～1000倍液，或75%百菌清可湿性粉剂600倍液，或50%多菌灵可湿性粉剂500倍液，或70%代森锰锌可湿性粉剂500倍液，或80%大生可湿性粉剂800倍液。也可用5%百菌清粉尘，667平方米1000克喷撒，或用沈阳农业大学研制的烟剂1号，667平方米350克熏烟。

(七)黄瓜黑星病

20世纪80年代以来发现保护地黄瓜黑星病迅速扩展蔓延，有些地区已成为重要病害。

黑星病幼苗、成株均可发病。幼苗发病，子叶上产生黄白色圆形小斑点，扩展后子叶烂掉，幼苗死亡，稍大幼苗刚露出真叶即烂掉，成株期茎蔓各部位都能发病，但以瓜条最易发病。叶片发病产生近圆形褪绿小斑点，扩展后成直径2~3毫米黄白色圆形病斑，后期病斑内边缘部产生裂纹，形成穿孔。病斑穿孔边缘呈星芒状，并留有黄色圈。病斑接近叶脉或叶脉受害变黑，停止生长，造成叶片皱缩畸形。龙头发病，生长点萎蔫，变褐腐烂，2~3天变成秃顶。茎蔓发病，最初产生污绿色水渍状斑点，扩展后呈褐色、圆形或不规则形凹陷病斑，严重时病部龟裂，多数有胶质物溢出，湿度大时病斑密生烟黑色霉层。幼瓜或成瓜均可发病，以嫩瓜最易发病。最初瓜条上产生近圆形褪绿小斑点，病部溢出透明胶状似小水珠物。以后小斑点逐渐扩大，呈污褐色圆形或不规则形凹陷的病斑，病斑部溢出胶状物增多，不久变为琥珀色，俗称“冒油”。湿度大时，病斑上密生烟黑色霉层。接近采收时，瓜条上病斑有时呈疮痂状，空气干燥时龟裂，病斑一般不腐烂。幼瓜受害，常因病斑导致瓜条生长不均衡，使瓜条弯曲、畸形。

【病原菌】为瓜疮痂枝孢霉，属半知菌亚门真菌。除侵染黄瓜外，还能侵染冬瓜、西葫芦、西瓜等。

病菌以菌丝体或菌丝块随病残体在土壤中越冬，也可以分生孢子附着在种子表面或菌丝潜伏在种皮内越冬，播种后病菌可直接侵染幼苗。土壤中病残体上的病菌，第二年产生分生孢子，侵染定植的秧苗。田间植株发病后，条件适宜时病部产生大量分生孢子，借气流、雨水和农事操作传播。温、湿度条件适宜时，分生孢子很快萌发，从伤口、气孔或直接从表皮侵入，潜育期4～7天，生长季节可反复侵染。

病菌在9～36℃范围内均可发育，最适温度为20～22℃，相对湿度93%以上才能产生分生孢子，而分生孢子萌发必须有水膜（滴）存在。病菌喜弱光，所以在冬春棚室温度低、湿度大、透光差的情况下发病较重。黄瓜品种间抗黑星病存在着一定的差异。

【防治措施】选用无病种子，进行种子消毒，实行轮作，培育适龄壮苗，定植时施足有机肥，定植后调节好温、湿度。发现病害立即用药剂防治。药剂可选用50%苯菌灵可湿性粉剂1000倍液，或2%武夷霉素水剂150倍液，或6%乐必耕可湿性粉剂500倍液，或40%福星乳油6000～8000倍液，或80%甲基托布津可湿性粉剂800倍液喷布。也可用10%多百粉尘剂，667平方米500克喷撒，或用沈阳农业大学研制的烟剂3号，或黑星净烟剂，667平方米350克熏烟。

（八）黄瓜细菌性角斑病

主要发生在叶片上，最初出现油渍状小斑点，以后扩大，因受叶脉限制形成多角形黄褐色病斑。潮湿时，叶背病斑处有乳白色菌脓，最后病斑容易开裂或穿孔。果实及茎上病斑初期呈水渍状，表面有白色菌脓。果实上病斑可向内扩展，沿维管束的果肉逐渐变色，并可蔓延到种子。幼苗期发病，子叶上初生油渍状圆斑，稍凹陷，后变褐色干枯。病部向幼茎蔓延，可引起幼苗软化死亡。黄瓜细菌性角斑病的症状和霜霉病很相似，往往容易误诊，错误用药，影响防治效果。

细菌性角斑病初期呈油渍状褪绿斑点，边缘有油渍状晕环。霜霉病初期呈水渍状浅绿斑点，后期病斑呈多角形，黄褐色至褐色，不穿孔。细菌性角斑病后期也呈多角形，淡黄色至黄褐色，形状稍小容易穿孔。潮湿时细菌性角斑病叶背病斑处有滴状乳白色菌脓，霜霉病叶背病斑处满生紫灰色至紫黑色霉层。

【病原菌】细菌性角斑病的病原菌是细菌。病菌在种子内或随病残体遗留在土壤中越冬，种子上的病菌能存活两年以上。病菌越冬后，当环境条件适宜时，病菌被雨水溅至茎、叶上引起初侵染，近地面的叶片和果实容易发病。潮湿时病斑上产生乳白色菌脓，通过雨水、昆虫和农事操作等途径传播，进行再侵染。细菌从气孔、水孔及伤口侵入细胞和维管束中，侵入果实的细菌可沿导管进入种子，播种出苗后侵害子叶，引起幼苗发病。

空气湿度大有利于发病，温度 25 ~ 27℃时细菌繁殖快，发病严重，重茬也容易发病。

【防治措施】选用无病种子，进行种子消毒，实行轮作。发现病害可用农用链霉素 200ppm，或新植霉素 150 ~ 200ppm，或 47% 加瑞农可湿性粉剂 600 倍液，或 10% 高效杀菌宝水剂 300 ~ 400 倍液，或 77% 可杀得可湿性微粒粉剂 400 倍液喷雾。此外，可用沈阳农业大学研制的烟剂 5 号，667 平方米 350 克熏烟。

（九）瓜类病毒病

又叫花叶病。分布普遍，到处都有发生，以西葫芦发病最重，甜瓜次之，其他瓜类发病较少。

【病原菌】瓜类病毒病由多种病毒侵染引起，主要有黄瓜花叶病毒和甜瓜花叶病毒。

黄瓜花叶病毒在西葫芦上引起黄化皱缩，甜瓜上引起黄化，黄瓜上引起系统花叶，不侵染西瓜。

甜瓜花叶病毒只侵染葫芦科植物，在甜瓜上引起系统花叶，在西葫芦的叶片上呈斑驳、畸形（鸡爪叶），对西瓜很容易侵染，表现为花叶畸形（小叶皱缩）。

病毒的致死温度为60～62℃，稀释终点1∶1000，体外存活5～9天，主要由桃蚜、菜蚜传播，汁液接触亦传毒。

高温、干旱、光照强，病害发生较重，因为有利于病毒的繁殖和蚜虫的迁飞，又降低了植株的抗性。

【防治措旋】选择抗病品种，加强管理，消灭蚜虫。日光温室张挂反光幕有较好的避蚜作用。

三、虫害防治

危害瓜类蔬菜的害虫，主要有蚜虫、温室白粉虱、潜叶蝇和叶螨。

（一）蚜虫

危害瓜类蔬菜的蚜虫叫瓜蚜，属同翅目蚜虫科，俗名蜜虫。

【害虫特点】瓜蚜是多食性害虫，以成蚜和若蚜在瓜类叶背面和嫩茎上吸取汁液为害。叶片被害后，细胞受到破坏，生长不平衡，叶片向背面卷曲皱缩，严重时瓜苗生长停止，甚至植株萎蔫死亡。老叶被害后，虽不卷叶，但提前干枯，使结瓜期缩短，严重影响产量。瓜蚜还在为害时排出大量蜜露，落在下面叶片上，引起霉菌病的发生，阻碍叶片的正常生理机能，减少干物质的积累。

瓜蚜在北方一年发生10余代，20世纪80年代随着保护地设施的发展，周年均可发生。

【防治方法】日光温室张挂反光幕可有效避蚜。发现瓜蚜及时用药剂防治，药剂可选用20%氰戊菊酯乳油3000倍液，或20%灭扫利乳油2000倍液，或2.5%功夫乳油4000倍液，或2.5%天王星乳油3000倍液，或氯氰菊酯乳油2000～3000倍液，或21%灭杀毙乳油6000倍液，或40%乐果乳油加醋和水按1：1：2000喷雾。也可用沈阳农业大学研制的烟剂4号，667平方米400克熏烟。

（二）温室白粉虱

俗称小白蛾子，是保护地瓜类、茄果类、豆类等蔬菜的重要害虫。此外，对花卉危害也很严重。以成虫及若虫在叶背面吸取汁液，造成叶片上，褪色、变黄、萎蔫，严重时植株枯死。在为害同时还分泌大量蜜露，污染叶片和果实，发生煤污病，影响植株的光合作用和呼吸作用。

【害虫特征】温室白粉虱属同翅目害虫。成虫体长1毫米左右，淡黄色，翅覆盖白色蜡粉，若虫扁椭圆形，淡黄色或淡绿色，2龄以后足消失固定在叶背面不动。体表有长短不齐的蜡丝。若虫共3龄，4龄若虫不再取食，固定在叶片称伪蛹。伪蛹椭圆形，扁平，中央隆起，淡黄绿色，体背有11对蜡丝。

北方温室条件下一年发生10余代，冬季在室外不能越冬，在温室内可继续繁殖，第二年随菜苗移栽或成虫迁飞，不断扩散蔓延，秋凉后又迁移到温室内。

成虫有趋黄色性，对白色有忌避性。各虫态在植株上分布有一定的规律，一般上部叶片成虫和新产的卵多，中部叶片快孵化的卵和小若虫多，下部老叶片老若虫和伪蛹多。成虫、若虫均分泌蜜露。成虫活动发育适温为25～30℃，40.5℃时成虫活动力显著下降，若虫抗寒力弱。

【防治方法】根据温室白粉虱寄主范围广、繁殖快、传播途径多、抗药性强、世代重叠等特点，在防治上应着重抓好冬、春季防治。首先做好越冬场所的防治，消灭虫源，彻底处理白粉虱危害作物的残枝落叶，用橙黄色板涂10号机油诱杀成虫。温室白粉虱初发期及时用药剂防治，药剂可选用 25% 扑虱净可湿性粉剂 1000 倍液，或 2. 5% 天王星乳油 3000 倍液，或 20% 灭扫利乳油 2000 倍液，或 2. 5% 功夫乳油 3000 倍液，或 50% 乐果乳油 1000 倍液喷雾。此外，用沈阳农业大学研制的烟剂 4 号，667 平方米 400 克熏烟。

第三章

温室大棚茄果类蔬菜优质高产栽培技术

第一节 茄果类蔬菜栽培品种

一、番茄品种

番茄适应性强，一般品种在各种保护地设施栽培均能正常生长发育，在选择品种时主要考虑高产、优质、耐贮藏、耐运输等条件。

随着栽培制度的改变，栽培技术的进步，番茄周年生产和周年供应的实现，有限生长型番茄的早熟优势已不明显，其中只具备早熟特点，品质、产量较差的品种基本不再采用，已被无限生长型品种代替。只有产量较高、品质较好的少数有限型品种，在有的茬口上应用。

1. 早丰（秦菜1号） 陕西省西安市蔬菜科学研究所选配的一代杂种，1989年、1990年分别通过安徽省、河南省农作物品种审定委员会审定，适于全国各地春季大、中、小棚和地膜覆盖栽培。植株自封顶类型，一般3穗果后自行封顶，叶量中等，长势较强。果实圆整，果面光滑，果脐小，成熟果粉红色，单果重150～200克，最大果重750克。品质好，耐寒性较强，抗烟草花叶病毒。适于密植，行距45厘米，株距33厘米，667平方米栽苗4500株，采用双干整枝，产量5000千克左右。

2. 西粉3号　陕西省西安市蔬菜科学研究所选配的一代杂种，1991年通过陕西省农作物品种审定委员会审定，全国各地均可栽培，适宜春季大、中、小棚和地膜覆盖栽培。自封顶生长类型，植株生长势强，果实圆整美观，粉红色，有绿色果肩，单果重115～132克，果肉厚，酸甜适口，风味佳。高抗烟草花叶病毒，中抗黄瓜花叶病毒，耐低温，耐疫病，早熟，3～4个花序后自行封顶。栽培技术措施同早丰品种，产量与早丰接近。

3. 东农704　东北农业大学选配的一代杂种，1988年通过黑龙江省农作物品种审定委员会审定，东北、华北、西北等地均可栽培。自封顶类型，2～3个花序封顶，株高60～65厘米，叶片宽大，叶色浓绿，生长势强，果实稍扁圆形，成熟果红色，单果重135～160克，最大达200克。果实比较均匀，畸形果和裂果较少，果脐小，可溶性固形物含量约4.5%，风味好。抗烟草花叶病毒，耐黄瓜花叶病毒。适于春季大、中、小棚和地膜覆盖栽培，技术措施与早丰、西粉3号相同，667平方米产量6000千克以上，最高可达7000千克。

4. 霞粉　江苏省农业科学院蔬菜研究所选配的一代杂种，1994年通过江苏省农作物品种审定委员会审定，江苏、安徽、山东、河南、上海、湖北、四川等地均可栽培。自封顶生长类型，植株生长势强，第一花序着生于6～7节，一般2～3个花序封顶，株高70～90厘米。果实圆整，粉红色，单果重150～180克，坐果率高。高抗烟草花叶病毒，耐黄瓜花叶病毒，早熟高产，667平方米产量5000千克以上。

适合春季大、中、小棚和地膜覆盖栽培，技术要点与以上3个品种相同。

5. L402　辽宁省农业科学院园艺研究所选配的一代杂种，1990年通过辽宁省农作物品种审定委员会审定，目前在长江以北各地栽培面积最大，适于各种保护地设施栽培。无限生长类型，植株长势强，第一花序着生在第八节以上。果实圆形，粉红色，单果重200克以上，大者300克，属中晚熟品种，高抗病毒病，抗蚜虫和白粉虱，一般667平方米产量7000千克，果实酸甜适口，品质优良，增产潜力较大。

6. L404　辽宁省农业科学院园艺研究所选配的一代杂种，继L402之后推出的又一个优良杂交一代新品种。生长势中等，8~9片叶着生第一花序。果实粉红色，高圆形，稍有绿肩，果色鲜艳，果脐小，果肉厚，果实硬度高，耐贮运，单果重250克左右，品质好，属于中熟品种。耐低温，抗烟草花叶病毒，适于日光温室冬春茬栽培和各种保护地设施栽培，一般667平方米产量6000千克。

7. 毛粉802　陕西省西安市蔬菜科学研究所选配的一代杂交种，1990年通过陕西省农作物品种审定委员会审定，全国各地均可栽培。植株无限生长型，有50%的植株全株长有长而密的白色茸毛，长势较强。第一花序着生于9~10节，节间短，坐果集中。果实圆整，成熟果粉红色，单果重150克左右，最大500克，果脐小，果肉厚，不裂果，品质好。高抗烟草花叶病毒，抗黄瓜花叶病毒，对蚜虫和白粉虱的抗性也较强。中晚熟品种，产量较高，667平方米产量可达8000千克。

8. 鲁番茄3号　山东省济南市农业科学研究所选配的一代杂种，1990年通过山东省农作物品种审定委员会审定，适于山东省及其他地区保护地栽培，植株无限生长型，生长势强，叶片较狭长，第一花序着生于8~9节。果实圆形，粉红色，单果重140克左右，中熟品种，抗烟草花叶病毒，667平方米产量4000~5000千克。

9. 双抗2号　北京蔬菜研究中心选育的保护地专用一代杂种，1989年通过北京市农作物品种审定委员会审定，适于北方温室，塑料大、中、小棚栽培。植株无限生长型，叶片较碎小，叶色深绿。

第一花序着生在第9节上，以后每隔3片叶着生一花序，第一花序多为总状花序。果实扁圆或圆形，幼果有绿色果肩，成熟果粉红色，单果重150~250克，果皮较薄。抗番茄叶霉病，高抗烟草花叶病毒，中熟种，留4穗果，667平方米产量7000千克以上。

10. 北京樱桃番茄　中国农业科学院蔬菜花卉研究所选配的一代杂种，露地与保护地均可栽培，还适宜庭院和楼房阳台盆栽。无限生长类型，植株长势强，主茎8~9节开始着生花序，以后每间隔3片叶出现一花序，花序长达15~25厘米，多为双列或多列花序，每花序着花20~50朵，坐果率90%以上。果穗上着生的果实排列整齐、美观，果实圆球形，果面光滑，单果重20克左右，大小均匀，整齐一致。幼果有浅绿色果肩，成熟果红色，色泽鲜艳，果实圆整，不易裂果，味甜爽口，可溶性固形物含量高达6%以上。中早熟品种，一般667平方米产量3000千克左右。栽培环境条件适宜，可延长生育期，提高果穗数，具有较大的增产潜力。

樱桃番茄还有迷你、绝色绯娜、佳宝、红果大卫、圣女、金珍珠等品种。

二、茄子品种

茄子消费习惯的区域性较强，在选择品种时，必须根据销往市场的需要。茄子品种很多，主要有紫色、绿色和极少的红色，果形有圆形、椭圆形和长棒形。山东、河北、北京、天津消费者喜欢紫圆茄，辽宁、吉林、黑龙江消费者喜欢紫长茄。喜欢绿茄的地区虽然不多，但是由于抗病性较强，产量较高，更主要是茄子温室大棚栽培起步较晚，开始进行日光温室冬春茬栽培，选用绿茄品种，由于市场上短缺，所以销路较好。近年由于保护地茄子栽培已经发展起来，绿茄和紫茄品种出现了明显差价，所以在选择品种时首先要考虑销路。可选择的茄子品种有：

1. *西安绿茄* 陕西省西安市的地方品种。中早熟，7～9片叶现蕾，植株生长势强，产量高，商品性一般，不抗绵疫病。株高平均100厘米，开展度70厘米，果实灯泡形，皮色油绿，果肉白色，肉质紧密，脆嫩，平均单果重480克，从播种到采收约103天，667平方米栽苗2000～2500株，产量4500千克左右。

2. *糙青茄* 河南省新乡地区的地方品种。植株生长势较强，其他性状与西安绿皮茄接近，单果重300～400克，果皮绿色有光泽，产量也与西安绿皮茄相近，不抗绵疫病，栽培面积不太大。

3. *辽茄1号* 辽宁省农业科学院园艺研究所选配的一代杂种。中熟，植株生长势较强，8～9片叶现蕾，果实灯泡形，绿皮，单果重300～400克，前期产量比西安绿皮低，总产量接近。

4. *安阳大红* 河南省安阳市蔬菜研究所育成的中晚熟品种，是目前全国唯一的大果型红茄品种，1990年通过河南省农作物品种审定委员会审定。植株生长势强，根系发达，适应性强，抗病耐热。果实近圆形，果皮紫红发亮，果肉白色，肉质细嫩，平均果重1000～1500克，最大达到2000克以上，适于河南省及适宜紫圆茄消费地区栽培，667平方米产量5000千克以上。

5. *早紫1号* 河南省安阳市蔬菜科学研究所育成的一代杂交紫茄早熟品种。7～8片叶现蕾，从开花到商品果采收需20～22天。果实长灯泡形，果皮黑色，有光泽，果肉白色，单果重150～200克。株型紧凑，适于密植，较抗黄萎病、枯萎病，适合冬春保护地栽培。667平方米产量4500千克以上，适宜河南省、河北省等喜食紫茄地区栽培。

6. *94-1紫长茄* 山东省农业科学院1995年育成的一代早熟杂交种。植株紧凑，6～7片叶现蕾，以后每隔1～2片叶着生一花序，每个花序有2～3朵花。耐低温、弱光，坐果力强，定植后30～40天可采收商品果。果实长椭圆形，长18～22厘米，横径6～7厘米，单果重300～400克，果皮黑紫油亮，果肉细嫩，品质好。叶片狭长较稀，适宜冬季栽培，667平方米产量5000千克左右。

7. *龙杂2号* 黑龙江省农业科学院北方茄子研究中心育成的早熟茄子一代杂交种，1992年通过黑龙江省农作物品种审定委员会审定。植株高65～68厘米，开展度64～68厘米，7～8片叶现蕾，从播种到采收100天左右。果实长棒形，果顶稍尖，果皮紫黑色，果长25厘米左右，横径4～5厘米，单果重100～150克。适宜北方保护地栽培，667平方米产量4500千克左右。

8. *翼茄2号* 河北省农业科学院育成的一代杂交早熟品种，1996年通过河北省农作物品种审定委员会审定。植株长势强，平均株高85厘米，开展度80厘米，8～9片叶现蕾，从开花到采收约需16天。果实圆形，黑色，果肉白色，肉质细嫩，果肉长时间暴露在空气中不变色。果实种子少，品质好，平均单果重590克，抗寒不耐热，适合保护地栽培，667平方米产量3750千克以上。

9. *沈茄3号* 辽宁省沈阳市农业科学院1996年育成的一代杂交种。植株生长势较强，株高50～60厘米，开展度40～50厘米，叶片较稀，株型紧凑，适于密植。果实长棒形，平均长28厘米，横径4厘米，果皮紫黑色，光泽度好，不易变色，耐贮藏，平均单果重100克左右。6～7片叶着生第一朵花，开花后20天可开始采收。植株抗逆性强，适于保护地栽培，667平方米产量4000千克左右。

10. *湖茄5号* 湖南省农业科学院蔬菜研究所育成的紫茄品种。植株生长势强，株高80～100厘米，开展度90厘米左右。中熟，7～8片叶现蕾，果实卵圆形，平均果长22厘米，横径5厘米，果皮紫红色，平均单果重180克，耐热，抗绵疫病，适宜长江流域栽培。667平方米产量3000千克以上。

三、辣椒品种

辣椒按果实形态分有尖椒和圆椒（灯笼椒），按辣味分有辣椒、麻辣椒和甜椒，各有很多品种。辣椒棚室温室大棚栽培起步较晚，尚无专用品种，但是不论什么品种，在各种保护地设施栽培，生育都优于露地栽培。

1. 嗣生保椒　辽宁省种子公司由保加利亚辣椒品种中系统选育的尖椒品种。中早熟，植株长势强，株高 60～70 厘米，开展度 45～50 厘米，茎粗 1.5～2 厘米，叶片中等，绿色，不易落花落果，坐果率高，11～12 节现蕾。果实长 15～21 厘米，肩宽 3～3.5 厘米，果实黄绿色，表面光滑，果肉厚 0.2～0.3 厘米，辣味重，单株结果 15～18 个，单果重 30～40 克，667 平方米产量 3000 千克以上。

2. 利生浩月　辽宁省种子公司育成的一代杂种。中晚熟大羊角椒，植株高大，茎粗壮，分枝多，12～13 节出现第一花蕾，坐果率高，单株结果 15～20 个。果实嫩绿色，长 16～20 厘米，肩宽 3.5 厘米，肉厚 0.3 厘米，味辣，单果重 30～40 克，生育期长，有恋秋特性，高抗病毒病，667 平方米产量 3000～3500 千克。

3. 沈椒 1 号　沈阳农业科学院育成的一代杂种。早熟，第 9 节现蕾，植株生长势健壮，株高 47 厘米，株幅 44 厘米，较抗病毒病。果实牛角形，长 10～11 厘米，横径 4～5 厘米，果肉厚 0.23 厘米，单果重 30 克左右。果面略有皱褶，果绿色，667 平方米产量 4000 千克左右。

4. 华椒 17 号　华中农学院园林系蔬菜教研室用襄樊黄皮椒 7206（华椒 1 号）杂交，经过系统选育而成。中早熟，生长势较强，株高 65～70 厘米，开展度 45 厘米。侧枝萌发早，分枝角度小，株型紧凑，结果集中，坐果率高，无间歇结果现象。12～13节现蕾，果实长扁圆柱形，翠绿色，长13～15厘米，直径3～4厘米，肉厚0.3厘米，平均单果重30克，果味微辣，采收期长，667平方米产量2500千克以上。

5. 苏椒2号　江苏省农业科学院蔬菜研究所育成。植株较高大，叶色深绿，果实牛角形，长7.6厘米，横径3.8厘米，肉厚0.32厘米，2～3个心室，平均单果重35.6克，成熟果深绿色，味辣。耐湿、耐高温，抗烟草花叶病毒，耐黄瓜花叶病毒，对炭疽病、白粉病也有一定抗性，667平方米产量3000千克左右。

6. 湘研9号　湖南省农业科学院蔬菜研究所1988年育成早熟、耐贮运的一代杂种。耐寒性强，早熟丰产，株高52厘米，开展度55厘米，果实牛角形，深绿色，平均长17厘米，横径2.5厘米，果肉厚0.26厘米，单果重32克左右，果形直，空腔小，运输时节省仓容。667平方米产量3000～4000千克。

7. 中椒6号　中国农业科学院蔬菜花卉研究所育成的一代杂种。植株长势强，果实粗牛角形，绿色，平均长13厘米，横径4.5厘米，果面光滑，果肉厚0.4厘米，心室3～4个，味微辣，坐果率高，单果重55～62克。中早熟，抗病毒病能力强，667平方米产量3000～5000千克。

8. 银川羊角椒　宁夏回族自治区银川市地方品种。株高70～80厘米，开展度70～80厘米，叶片绿色，早中熟，果实羊角形，长20厘米左右，果肉中等，辣味浓，商品果绿色，抗病性稍差，667平方米产量4000千克左右。

9. 赤运1号　内蒙古自治区赤峰市的优良品种。植株生长势强，坐果率高，果实长26厘米左右，黄绿色，皮厚，单果重40～70克，株高85厘米左右。果实辣味较浓，适合保护地栽培，667平方米产量4000～6000千克。

10. 吉椒 2 号　吉林省农业科学院蔬菜研究所选育。株高 60 ~ 70 厘米，开展度 65 厘米，叶片深绿色，长形，8 ~ 9 节现蕾，果实方灯笼形，果绿色，长 12 ~ 13 厘米，横径 8 ~ 9 厘米，肉厚 0.25 ~ 0.3 厘米，单果重 80 克左右。肉质甜脆，风味清香，抗病毒病能力强，667 平方米产量 5000 千克左右。

第二节　育苗

育苗技术措施基本相同，特殊之处只有茄子日光温室栽培，因轮作倒茬困难，需要进行嫁接育苗。

一、种子处理

（一）种子消毒

茄果类蔬菜种子难免有附着在种子表面及潜伏在种子内部的病原菌，在播种前消灭这部分病原菌，是防止种子带菌的有效方法。

1. *温汤浸种*　先用少量凉水将种子浸没，再倒入热水，用棒状温度计测温度，使水温达到 55℃，向一个方向搅拌，当水温降到 30℃时停止搅拌，继续浸泡。茄子种子浸泡 8 ~ 12 小时，番茄种子浸泡 6 ~ 8 小时，辣椒种子浸泡 8 ~ 10 小时。

浸种完毕，茄子、辣椒种子用细沙搓掉种皮上的黏液，用清水把种子分离出来，再淘洗干净，即可催芽。番茄种子有茸毛，出水后需要把水攥出，摊开晾一下再催芽。

2. 药剂浸种 茄果类蔬菜种子浸泡到一定浓度的药液中，经过一定的时间，用清水洗净药液，再进行浸种催芽，药液的用量为种子的2倍。番茄早疫病、病毒病，用福尔马林（甲醛）（40%甲醛溶液）的100倍液和10%的磷酸三钠溶液，先用清水预浸3~4小时，然后再将湿种子放入药液中浸泡15~20分钟，取出后用湿布包裹放入盆钵内密闭2~3小时，然后用清水洗净，即可进行催芽。福尔马林（甲醛）消毒可防治番茄早疫病，磷酸三钠防治病毒病。

茄子种子用1%高锰酸钾溶液浸泡30分钟，捞出经反复淘洗后再进行温汤浸种，可消除种子表面附着的病原菌。用有效成分0.1%的多菌灵加0.1%平平加浸泡1小时，洗净后再浸种催芽，对防治黄萎病有较好的效果。

辣椒种子用10%硫酸铜水溶液浸种，有防治炭疽病和细菌斑点病效果。方法是先用清水浸4~5小时，再用药水浸5分钟，洗净后催芽。

（二）浸种催芽

1. 浸种 在催芽前用20~30℃的清水浸泡种子，使种子吸足水分，加快出芽速度。浸种时间长短因种子成熟度和水温而有差异。越是充分成熟的种子，浸种时间越长，水温低需时间也较长。一般番茄种子5~6小时，辣椒种子6~8小时，茄子种子10~12小时。

2. 催芽 茄果类蔬菜种子发芽需要满足所需水分、温度和氧气，对光照属于好暗性。在水分适宜，透气性良好，25~30℃不见光的条件下发芽最快。

把浸完的种子用湿纱布或湿毛巾包起来，放在大碗或小盆中，每天用25～30℃水投洗1～2遍。番茄种子最好掺入种子体积3倍的细沙，放入小盆中，每天翻动1～2次，细沙干时补充水分。茄子种子需要变温，每天30℃8小时，20℃16小时交替进行，出芽整齐。一般情况下，番茄2～3天，茄子、辣椒5～6天即可出芽。

二、播种

（一）播种量

按667平方米栽培面积计算，茄子需种了40～50克，番茄需种子25～30克，辣椒需种子120～150克。

（二）播种方法

日光温室冬春茬栽培，播种期间温光条件较好，可在室内做育苗畦播种；日光温室早春茬和大、中棚春茬可在日光温室内设置温床播种；小拱棚短期覆盖和地膜覆盖栽培，可在日光温室内设置温床，也可在露地设置温床播种。所需播种量每平方米番茄12～15克，茄子15～20克，辣椒20～30克。

播种床需要铺营养土。营养土的配制，各地采用的配方不同，原则是就地取材。常用的配方有疏松的大田土4～5份，优质有机肥5～6份，过筛后掺和均匀；或腐熟的马粪4份，疏松的大田土4份，陈炉灰2份；或腐熟草炭5份，干大粪1份，疏松大田土2份，腐熟马粪2份。

传统的方法是播种床铺10厘米厚营养土，这种方法不但需要材料多，移植时因幼苗根系已布满10厘米范围，抢苗只能达到3厘米深，大部分根系留在播种床，伤根较重，移植后缓苗慢。最科学的方法是只铺3厘米厚营养土，温床先铺7厘米厚的黏重土，踩实搂平，再铺3厘米的营养土。日光温室内做播种畦，搂平畦面踩实后再铺营养土。播种要选晴天上午进行，浇水达10厘米深，水渗下后，薄薄撒一层营养土，再均匀撒播种子，然后覆营养土1厘米厚。

温床播种盖土后床面铺地膜，70%～80%出苗后撤下地膜。

为了防治苗期猝倒病，可用50%多菌灵可湿性粉剂与营养土混合掺匀，覆土后撒在床面上薄薄一层，用药量为每平方米8克。也可用五代合剂（五氯硝基苯、代森锌每平方米各5克）掺营养土覆盖。

三、苗期管理

（一）播种后至移植前管理

两片子叶，真叶未出时最容易徒长，表现为下胚轴伸长，子叶薄而色淡。在夜间温度高，光照不足，水分充足情况下徒长严重。苗刚出齐时一般不要浇水，白天保持25℃左右，夜间10～15℃，尽量给予充足的光照。日光温室冬季育苗，在苗床北侧张挂反光幕效果更好。

第一片真叶张开后，白天室温保持25～28℃，夜间15℃以上，20℃以下。番茄苗夜间室温保持在13～15℃。番茄不干旱不浇水，茄子、辣椒保持适宜的水分，即控温不控水，为花芽分化创造有利的营养生长条件。

冬季育苗，日光温室不加温，遇到寒流强降温天气，床面扣小拱棚，每天揭开草苫后，揭开小拱棚见光，午后盖草苫前先覆盖小拱棚薄膜。

（二）移植及戚苗期管理

幼苗2叶1心时，即可移植。目前普遍采用塑料钵或自制薄膜筒移苗，塑料钵直径8厘米，高10厘米，装营养土要比钵口低2厘米，以便于浇水。用旧薄膜做成同样规格的筒，装营养土时底部先装3厘米厚黏重土捣实后再装营养土。番茄、茄子移一株苗，辣椒移双株苗，最好用5厘米直径的塑料钵或薄膜筒移单株苗。移栽前一天苗床浇水，移植时用平锹贴黏土抢苗，带宿土栽入容器中，浇足水，摆入苗床。番茄也可利用移植床移苗，在日光温室或阳畦移苗时，搂平床面，铺3厘米厚优质有机肥，翻10厘米深，用四齿耙划碎土块，使粪土掺和均匀，按10厘米行距开沟，按10厘米株距栽苗。沟内先浇水，水未渗下时摆苗，平沟后栽下一行，栽满一床为止。

移植后到定植前的管理包括调节温度、光照、水肥管理和秧苗锻炼。

1. 温度调节　移植后给予较高温度促进迅速缓苗，白天25～30℃，夜间15～20℃，地温18℃以上。缓苗后适当降低温度，防止徒长，白天20～25℃，夜间15℃左右。定植前7天左右进行低温炼苗，主要是降低夜间和凌晨的气温，开始凌晨气温降到10℃左右，定植前2～3天降到5～8℃，以提高秧苗耐寒性。

2. 光照调节　每天揭开草苫后，清洁薄膜表面，争取多透入太阳光。秧苗长到5～6片叶，将育苗容器拉大距离，使秧苗全部见光。在拉大距离时进行挑选，把同等大小的秧苗摆放在一起，把较小的秧苗摆放到最佳位置。

3. 水肥管理　移植水浇足后，经常保持见干见湿，苗床移植的番茄苗，缓苗后可在行间用8#铁丝做成的钩松土保墒。浇水用喷壶普遍喷水和个别浇水相结合，较小的秧苗多浇些水，以加速其生长，达到秧苗整齐。苗期一般不追肥，但是早春茬和春茬的长龄大苗，有时可能表现出肥力不足，叶片色淡，可用50克磷酸二铵加50克尿素，对5升清水进行追肥，选晴天上午进行。

四、茄子嫁接育苗

随着茄子保护地栽培面积的不断扩大，连作是难以避免的，黄萎病、枯萎病、茎基腐病的发生日趋严重，药剂防治效果不明显，嫁接换根是防治这些土传病的最佳途径。而且嫁接以后植株抗逆性增强，生长旺盛，品质增进，产量提高。近年日光温室冬春茬茄子已普遍进行嫁接育苗，日光温室早春茬和大、中棚春茬茄子，嫁接育苗也在发展。

（一）砧木的选择

茄子嫁接用的砧木有日本赤茄、CRP、托鲁巴姆，在生产实践中发现日本赤茄只抗黄萎病，不抗枯萎病，以托鲁巴姆表现最好，其次是CRP。

1. 托鲁巴姆　种子极小，千粒重约1克，发芽比较困难。高抗黄萎病、枯萎病、青枯病、根结线虫病。根系发达，生长势强，茎叶上刺较少，嫁接时操作方便。幼苗出土后，初期生长缓慢，3～4片叶后生长加快。

2. CRP　种子黑色，千粒重2克，容易发芽。抗枯萎病，抗黄萎病中等。根系发达，茎粗壮，茎叶上刺多，嫁接操作不便。

（二）砧木苗培育

托鲁巴姆种用清水浸泡7～8小时，使种子吸足水分，再用100ppm赤霉素浸泡24～48小时，投洗后装入纱布袋中，进行变温催芽，白天25～30℃，夜间15～20℃，每天用清水投洗1次，7～8天可出芽。

CRP种子用清水浸泡24～48小时，每天换1～2次水，10天后可全部出芽，也可浸泡后直播。

砧木的播种方法与茄子育苗相同。因出苗较慢，要经常保持床土湿润，温度调节与茄子育苗相同。

（三）接穗育苗

需要在砧木两片子叶出土时播种，用托鲁巴姆作砧木时，接穗播种要晚25天左右，CRP作砧木可晚播7～8天。

（四）嫁接方法

当砧木长到6～7片叶，茎粗4～5毫米，已达到半木质化时即可嫁接。嫁接方法有靠接和插接。

1. 靠接　把砧木和接穗苗同时起出，用刀片在第三至第四叶片间斜切，砧木向下切，接穗向上切，切口深1～1.5厘米，长为茎的1/2，角度30°～40°，砧木切口上留2片叶切除上部叶片，以减少水分蒸腾，然后把砧木和接穗切口嵌合，用嫁接夹固定。见图3-1。

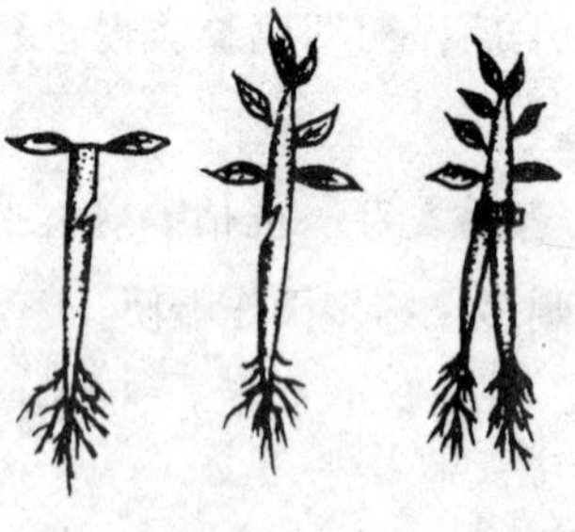

图3-1　茄子靠接示意图

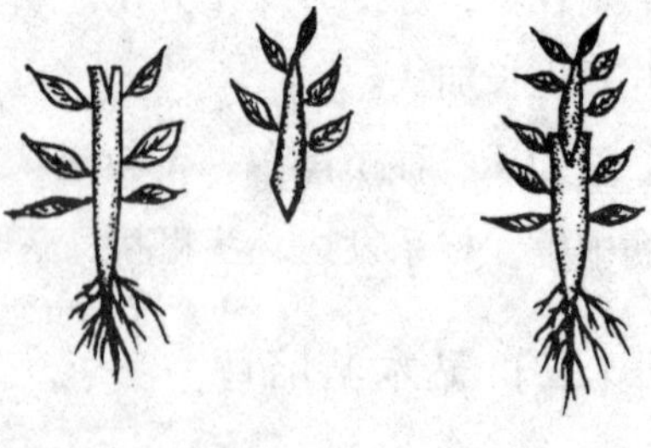

图3-2　茄子劈接示意图

2. 劈接　砧木苗留 2 ~ 3 片叶平切，然后在切口处中间向下垂直切 1 厘米深的口，把接穗苗留 2 ~ 3 片叶，切掉下部，削成楔形，楔形大小与砧木切口相当（1 厘米长），削完立即插入砧木切口中，对齐后用嫁接夹固定。如果接穗比砧木细，可将切口的一侧对齐后固定。见图 3–2。

（五）嫁接后管理

嫁接后栽到容器里，摆入苗床，床面扣小拱棚，白天保持 25 ~ 28℃，夜间 20 ~ 22℃，空气相对湿度要保持 95% 以上。前 3 天遮光，第四天早晚见光，以后逐渐延长光照时间。6 ~ 7 天内不进行通风，密封期过后，选择温度、空气湿度较高的清晨或傍晚通风。随着伤口的愈合，逐渐撤掉覆盖物，增加通风，每天中午喷雾 1 ~ 2 次，嫁接后 10 ~ 12 天，伤口愈合后进入正常管理，靠接穗苗断掉接穗根，撤掉嫁接夹。

嫁接苗一般在嫁接后 30 ~ 40 天即可达到定植标准。

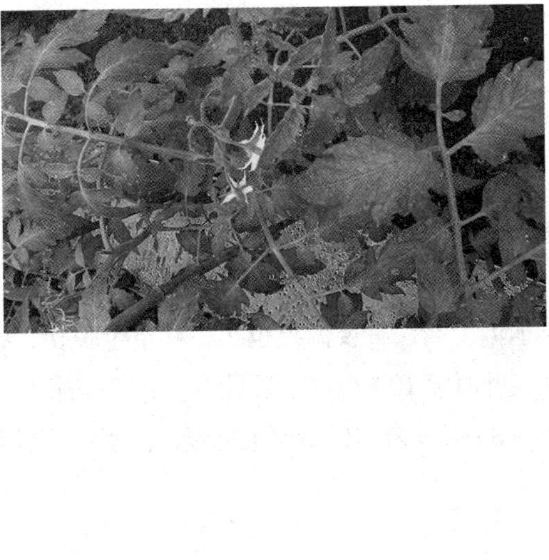

五、遮阴床育苗

日光温室秋冬茬和大、中棚秋茬茄果类蔬菜栽培，育苗期正处在高温强光昼夜温差小的季节，需要用遮阴床育苗，由于秧苗生长快，不需移植，也可用容器育苗。

（一）遮阴床设置

在靠近温室或大、中棚的通风良好地块，做成1.2~1.5米宽、6~8米长的硬埂畦，搂平畦面，铺3厘米厚优质农家肥，翻10厘米深，划碎土块，将粪土掺匀，畦面上插1.5~2米宽、1米高的骨架，覆盖遮阳网。

（二）播种

因温度较高，不需要浸种催芽，浇足播种水，均匀撒播干种子。番茄、茄子种子距离3~4厘米，辣椒种子距离2~3厘米，覆盖营养土1厘米厚。

（三）苗期管理

播干种子可在覆土后铺地膜保墒，促进迅速出苗，在出苗前不用浇水，以防表土板结。出苗后撤下地膜，用喷壶浇水，以后保持床面见干见湿。

育苗期不但温度高，昼夜温差也小，秧苗生长快，番茄苗容易徒长，可在两片真叶时喷1000ppm的矮壮素。番茄、茄子4~5片叶即可定植，苗期25~30天。苗期保持见干见湿，浇水在早晨和傍晚进行。

第三节 定植

一、整地施基肥

茄果类蔬菜保护地栽培，虽然设施类型和茬口不同，整地和施基肥基本一致。整平土地后撒施农家肥5000～10000千克，深翻细耙。基肥量施用多少，根据茬口决定，生育期长的茬口要多施农家肥。翻耙后按60厘米大行距、50厘米小行距开定植沟。在定植前修好水道，日光温室水道设在靠近后墙处，塑料大棚水道设在棚中部，中棚内不设水道，根据垄向，把水道设在棚的一侧或一端，小拱棚和地膜覆盖与露地相同。

二、定植时期、方法及密度

（一）番茄定植

容器育苗的番茄苗，按株距30厘米，把秧苗摆到定植沟中，埋少量土。苗床育成苗的番茄，定植前1～2天灌大水，定植时边割坨边摆苗，培少量土。栽完苗逐沟灌水，水渗下后，在株间点施磷酸二铵，667 平方米 30～40 千克，然后封沟。

667 平方米的大棚、中棚、小拱棚和地膜覆盖栽苗 4000 株，日光温室栽苗 3700 株。

（二）茄子定植

按 38～40 厘米株距栽苗，667 平方米日光温室栽苗 2700～2900 株；大、中棚栽苗 3000～3100 株；小拱棚短期覆盖栽培，除了采取与露地栽培相同的定植方法和株数外，还可采取高度密植栽培，大行距 60 厘米，小行距 40 厘米，株距 25 厘米，栽苗 5300 株。

（三）辣椒定植

尖椒按株距 30 厘米栽双株，667 平方米日光温室栽苗 3700 穴，7400 株，大、中、小拱棚，地膜覆盖栽苗 4000 穴，8000 株；灯笼椒按株距 35 厘米栽双株，日光温室栽苗 6000 株左右，大、中棚栽苗 6900 株左右。小拱棚和地膜覆盖，尖辣椒栽苗 10000 株左右，灯笼椒栽苗 8000 株左右。

第四节 定植后的管理

一、番茄定植后管理

(一) 覆盖地膜

定植 1 ~2 天后培垄，用小木板刮光垄台，在小行距两垄上覆盖一幅地膜。覆盖方法是把地膜从两行苗中间拉向两边，在每株苗处剪口，把地膜拉到垄帮上，用湿土把剪口封严。日光温室冬春茬和早春茬番茄普遍覆盖地膜，大、中棚和小拱棚栽培一般不覆盖地膜。日光温室秋冬茬和大、中棚秋茬不盖地膜。

(二) 温度调节

定植后温室内保持较高温度，在高温高湿条件下促进缓苗，白天不超过 30℃不通风。秋茬和秋冬茬定植后需昼夜通风，防止徒长。

缓苗后白天 25℃左右，夜间 15℃左右，早晨短时间 10℃左右，地温 18 ~20℃对生育最有利。日本的温室番茄栽培采取三段变温管理，在结果期 8 ~17 时 25℃，17 ~22 时 13℃，22 时至翌日 8 时 7℃。我们的棚室番茄栽培，往往由于夜间温度偏高，容易引起徒长和早衰。

日光温室冬春茬，大、中棚春茬，日光温室早春茬番茄，当外界最低气温不低于12℃时应昼夜通风，最低外温降到10℃以下时白天通风，夜间闭风。秋茬和秋冬茬番茄，后期随着外温下降，加强保温，尽量延长采收期。

（三）光照调节

日光温室冬春茬栽培，需覆盖无滴膜，每天揭开草苫后清洁膜面，争取多透入太阳光。后部光照弱，最好在后墙处张挂反光幕，增加光照度。

秋茬番茄定植初期覆盖遮阳网，防止强光，创造番茄生育的适宜环境条件。

（四）植株调整

番茄植株不能直立生长，需要立支架。设施栽培不宜采取露地番茄常用的锥形架，应采用直立架，每株番茄内侧插一根竹竿，每排竹竿用三道竹竿连成一体，在前后两根架杆顶部用竹竿横向连成整体，可避免倾斜和倒伏。

设施番茄普遍实行单干整枝，即只留主干，各叶腋发生的侧枝全部摘除。由于设施栽培的茬口不同，生育期长短差别很大。日光温室早春茬，大、中棚春茬，日光温室秋冬茬，大、中棚秋茬留4穗果，如果生育期短也可留3穗果。在最上一层果坐住时，留2片叶摘心，叶腋萌发的侧枝不再摘除。

日光温室冬春茬番茄，生育期长可留10穗果。此外，还可以在主蔓第三花序开花后，留2片叶摘心，选留一个健壮的侧枝开花结果；当侧枝第三花序开花后，仍留2片叶摘心，再选一个侧枝开花结果；第三花序开花后再摘心，全株共留9穗果。

（五）防止落花落果

冬季、早春温度偏低，盛夏、初秋温度过高，容易落花落果，需要用激素处理，使花果基部不产生离层。常用的激素有2，4-D、番茄灵（防落素）、番茄丰产剂2号。2，4-D浓度为10～20毫克/升，温度低时用高浓度，用毛笔蘸溶液抹在花朵盛开的离层部位。为了避免重复处理，可在溶液中加入红色颜料作标记。番茄灵常用浓度为25～30毫克/升，用微型喷雾器喷花。番茄丰产剂2号，剂型为10毫升瓶装，对水50～70倍喷花。

不论用哪种激素处理，都能防止落花落果。其原因是在环境条件适宜时，正常授粉受精后，在果实发育过程中产生了内源激素，又能促进果实发育，但是未受精的果实没有种子，所以品质不如自然坐果的果实好。可见为了提高番茄果实的品质，最好创造适合授粉受精的条件，不用激素处理。

（六）水肥管理

浇水、追肥是调节营养生长和生殖生长平衡的手段，必须根据植株的长势进行。定植水浇足，缓苗期不需浇水，缓苗后植株生长正常不需浇水。在第一穗果坐住开始膨大时进行第一次追肥，667平方米追施硝酸铵15千克或尿素10千克，随水施用。以后每穗果膨大时追1次肥，磷酸二铵、硫酸钾、硝酸铵、尿素等交替使用，每次667平方米追肥量15～20千克。

水分管理以见干见湿为原则。浇水还要根据光照强弱，温度高低，通风量大小，土壤水分蒸发快慢来确定浇水时间和浇水量。

（七）疏花疏果

疏花疏果是保证高产优质，提高商品性的措施。大果型品种，每穗留果3~4个，中果型品种每穗留果4~5个。疏花疏果分两次进行，当每一花序的花大部分开放时，把畸形花和开放较晚的小花疏掉。

二、茄子定植后管理

（一）温度调节

茄子对温度的要求比番茄高，不论白天还是夜间，温度都要比番茄高2~3℃。冬春茬茄子定植后缓苗期间不超过32℃不需通风。缓苗后白天25~30℃，午后降到18℃以下覆盖草苫，凌晨10℃以上，最低不低于8℃。遇到灾害性天气，短时间降到5℃不致受害，但是应尽量延长高温时间，缩短低温时间。

秋冬茬和秋茬茄子，定植初期虽然温度较高，由于茄子适应高温能力较强，在大通风情况下，温度不超过30℃可正常生长发育。

（二）光照调节

茄子光饱和点虽然不像番茄那样高，但是光照不足容易徒长，果实发育缓慢，容易落花。日光温室冬春茬栽培，也要像番茄一样进行光照调节。另外栽培紫茄品种，覆盖聚氯乙烯无滴膜，果实不着色，必须覆盖聚乙烯无滴膜，最好覆盖紫光膜。

（三）整枝

日光温室茄子整枝方法与露地不同，针对光照较弱，栽培密度大的特点，需要进行双干整枝。在门茄以下保留两片叶，其余叶片及分枝全部摘除，门茄以上留两个枝条，直至四面斗出现始终只保留两个枝条。四面斗以上由于进入夏季，光照充足，又在大通风条件下，通风透光好，可留四个枝条。

大、中棚茄子整枝也采用双干整枝。小拱棚整枝方法与日光温室和大、中棚、露地都不相同，只留门茄和对茄，在门茄开花时，两个枝条上各留两片叶摘心。在露地门茄刚进入采收期时，就采收结束，倒地定植或播种其他蔬菜。5300 株茄子，除了少数门茄脱落或其他损失外，按 5000 株计算尚可采收 15000 条茄子，667 平方米产量可达 4500～5000 千克。

（四）水肥管理

茄子定植水浇足，缓苗后开花前不旱不宜浇水，进行促根控秧。水分多容易徒长，延迟坐果，门茄瞪眼时是开始浇水的适期。各茬茄子生育期间的光照、温度条件不同，通风时间和通风量也有区别，浇水时间、次数和浇水量除了以上条件外，还要根据植株长势进行。

茄子是需水多的作物，在土壤含水量相当于田间持水量的 70% 左右就应浇水。浇水不及时，产量就会受到不同程度的影响。

门茄瞪眼时是追肥的临界期，结合浇水追施尿素 10 千克，以后每隔 15 天左右追 1 次肥，每次追尿素或磷酸二铵 10～15 千克。

三、辣椒定植后管理

（一）温度和光照调节

辣椒幼苗期抗逆性弱，耐低温能力不如番茄，成株耐低温、弱光能力比番茄、茄子强，所以在日照百分率低、阴天多的低纬度地区，冬季、早春保护地设施栽培比茄子、番茄表现都好。

日光温室冬春茬和大、中棚春茬，白天保持 25℃以上的时间尽量延长，夜间 10℃以上，当外温达到 15℃左右时昼夜通风。

辣椒对强光和高温的适应能力差，秋茬和秋冬茬栽培，生育前期利用遮阳网覆盖，防强光、高温，覆盖黑色地膜降低地温，可保证正常生长发育，防止生理障害。

（二）水肥管理

辣椒根系浅，根量少，在土壤中分布范围小，栽培密度大，从单株来看需水量不是很大，但是必须小水勤浇，经常保持适宜的土壤水分，才能生育正常。定植水浇足，覆盖地膜的温室坐果前一般不需浇水，不覆盖地膜的缓苗后就要小水勤浇，保持见干见湿，浇1次水在表土见干时进行1次中耕，促进根系发育，地上部加速生长。

门椒坐住，开始膨大是追肥的临界期，667平方米追施硝酸铵20千克，地膜覆盖的辣椒地，将追肥溶于水中，随水灌入暗沟中；

不覆盖地膜的辣椒地，将追肥撒在垄沟立即灌水。一般浇 2～3 次水追 1 次肥，覆盖地膜的应明暗沟交替进行。进入盛果期不覆盖地膜的辣椒培成高垄，不再进行中耕。浇水要在晴天上午进行，并加强通风。

（三）植株调整

辣椒栽培密度大，进入盛果期枝叶繁茂，影响通风透光，有些副侧枝生长纤弱，结的果小，商品质量低，应当摘除。在主要侧枝上的次一级侧枝所结的幼果直径达 1 厘米时，留 4～6 片叶摘心。中后期长出的徒长枝也应摘除，使营养集中到果实的生长发育上。

（四）光呼吸抑制剂的应用

辣椒的光呼吸过程消耗当日光合产物的 10%～20%，控制光呼吸可减少养分消耗，使净同化率得到提高，从而达到增产的目的。亚硫酸氢钠是一种廉价又容易买到的间接性光呼吸抑制剂，每 667 平方米每次用 4～8 克，对水稀释到 120～240 毫克/千克后喷洒，增产效果为 10%～30%。在门椒结果后开始喷洒，5～7 天喷 1 次，共喷 4 次，开始用 120 毫克/千克，后期增加到 240～300 毫克/千克。光呼吸抑制剂的应用，需要与肥水管理相配合才有效果。

第五节 病虫害防治

一、病害防治

（一）病毒病

茄果类蔬菜病毒病，在番茄和辣椒上发生较多。

1. *番茄病毒病* 番茄病毒病常见的有四种类型。

（1）花叶型：主要有两种。一种是叶片上出现轻微的花叶或微显斑驳，植株不矮化，叶子不变形，对产量影响不大；另一种有明显花叶，叶片变狭窄细长，扭曲畸形，植株矮小，大量落花落蕾，果实小，多呈花脸，品质低劣，严重影响产量。

（2）条斑型：叶脉坏死或散布黑色油渍状坏死斑，然后顺叶柄蔓延至茎上，初生暗绿色凹陷的短条纹，后变为深褐色坏死条斑。果实上产生不同形状的褐色斑块，但变色部分只表现在表层组织上。

（3）蕨叶型：叶片呈黄绿色，直立上卷，叶背的叶脉出现浅紫色，由于叶肉组织退化而形成线状叶片，植株丛生，矮化细小。

（4）混合型：症状与条斑型相似，果实上的症状有区别，混合型病斑小而不凹陷，后期变为枯斑。

2. *辣椒病毒病* 辣椒病毒病主要有两种类型。

（1）花叶坏死型：病叶上产生深绿相间的花叶，有的品种出现褐色坏死斑，引起落叶、落花、落果，甚至整株枯死。

（2）畸形型：开始叶脉褪绿，出现斑驳花叶，后期叶片增厚，植株矮小，节间缩短畸形。

【病原菌】病毒病主要由烟草花叶病毒、黄瓜花叶病毒引起，其发生、发展与气温关系密切，高温干旱容易发生，蚜虫传播、接触传播都是发生原因。

【防治方法】选用抗病品种，早期防治蚜虫，加强管理，控制好环境条件，促进植株健壮生长，可在一定程度上减少病害发生。发现中心病株及时拔除，防止蔓延。

番茄幼苗1~2片真叶时，应用弱毒N_{14}接种，1000株用0.3~0.5克汁液，加2%金刚砂，以490千帕（5千克/平方厘米）的压力，距幼苗5~15厘米进行高压喷枪接种。日本用1000倍脱脂奶粉在幼苗期喷雾，7~10天喷1次，基本能预防病毒病发生。其原因是在茎叶上形成一层很薄的蛋白膜，使病毒钝化而阻止侵入。辣椒可用弱毒疫苗M_4接种，防烟草花叶病毒；用卫星病毒Ssz接种可防治黄瓜花叶病毒。

（二）番茄灰霉病

近年保护地设施栽培的番茄，灰霉病发生比较普遍，防治不及时危害严重。番茄从幼苗到成株，花和果实均能发病。幼苗受害，开始叶片和叶柄上产生水渍状腐烂，后干枯，表面生灰霉，严重时扩展到幼茎上，产生黑色病斑，腐烂长霉，常自病部折断，造成大量死苗；成株受害，叶片上产生水渍状的大型灰褐色病斑，潮湿时长灰霉，干燥时病斑灰白色，隐约可见轮纹。花和果实受害时，病部呈灰白色，水渍状发软，最后腐烂，表面长出灰色霉层，一般果实不脱落，果实间能传染。

【病原菌】番茄灰霉病的病原菌为葡萄孢菌，属半知菌亚门真菌，除危害番茄外可危害茄子、辣椒和黄瓜。

病菌以菌核遗留在土壤中越冬，也可以菌丝体和分生孢子在病残体上越冬，遇适宜条件菌核萌发产生菌丝体和分生孢子，借气流、露滴传播。花期是病害侵染的高峰期，在果实膨大时期灌水后病果剧增。

病菌在 2～31℃范围内均可发育，但适温为 20℃左右，要求 90%以上的相对湿度，喜弱光。所以冬季、早春保护地栽培，番茄灰霉病容易流行。

【防治方法】培育适龄壮苗，定植后加强管理，控制好温、湿度，减少发病机会。

一旦发现病害，趁病部尚未长出灰霉前及时摘除病果、病叶，深埋到棚室外，并喷药防治。药剂可用 50%多菌灵可湿性粉剂 500 倍液，或 60%防霉宝微粒粉剂 600 倍液，或 50%速克灵可湿性粉剂 1500 倍液，或 50%扑海因可湿性粉剂 1500 倍液，或 50%农利灵可湿性粉剂 1000 倍液，或 40%多硫悬浮剂 500 倍液，或 50%利得可湿性粉剂 800 倍液，或 68%倍得利可湿性粉剂 800 倍液，或 65%甲霉灵可湿性粉剂 1000 倍液，或 50%多霉灵可湿性粉剂 1000 倍液喷布。也可用 10%灭克粉尘剂，667 平方米 1000 克喷撒，或用沈阳农业大学烟剂 2 号熏烟。各种药剂交替使用。在病害发生时，还可采用高温闷棚的方法，密闭棚室，把气温控制在 38～40℃两个小时，可控制病情发展。

（三）番茄晚疫病

各地普遍发生，是番茄的重要病害，有的棚室晚疫病已成为毁灭性病害。

番茄苗期即可发病，但主要在成株期发病较多，危害叶片和果实。叶片发病，多从叶尖或叶缘出现不规则形暗绿色水渍状病斑，后变褐色。阴雨天或湿度大时，病势发展快，迅速扩展半叶或全叶，并在病斑边缘病健交界处长出一圈白色霉层，称为“霉轮”，病叶很快腐烂。干燥时病势停止发展，病部失水干枯呈青白色，皱缩，易破碎。果实发病，果面上产生大型边缘不整齐的褐色云纹状病斑，湿度大时病斑边缘长出稀疏白霉。病果初期硬，不腐烂，后期果实腐烂。有时茎上也能发病，病斑黑褐色，稍凹陷，边缘不清晰，湿度大时长出少许白霉，最后表皮腐烂，植株易从病部腐烂处弯折。

【病原菌】为致病疫霉菌，属鞭毛菌亚门真菌。

病菌主要以菌丝体在土壤中越冬，也可在温室冬季栽培番茄上危害并越冬，成为翌年的初侵染来源。

病菌喜较低温度和高湿条件，生长温度范围 10～31℃，适温 20℃左右，孢子形成温度范围 7～25℃，适温 18～20℃，孢子囊萌发产生游动孢子温度范围 6～15℃，适温 10～13℃。相对湿度 85% 以上才能产生孢子囊梗，95%～97% 的相对湿度才能形成孢子囊，孢子囊萌发一定要有水滴存在。

【防治方法】选用抗病品种，培育适龄壮苗，冬季定植进行地膜覆盖，控制好环境条件，使空气相对湿度在 85% 以下。

发现中心病株，立即拔除或摘掉病叶、病果，进行药剂防治，连续防治 2～3 次，压住或消灭病情。药剂可选用 25% 甲霜灵可湿性粉剂 800 倍液，或 75% 百菌清可湿性粉剂 500 倍液，或 77% 可杀得可湿性微粒剂 500 倍液，或 80% 大生可湿性粉剂 500 倍液，或 47% 加瑞农可湿性粉剂 800 倍液，或 72% 克露可湿性粉剂 500 倍液，或 68% 倍得利可湿性粉剂 500 倍液，或 72% 克霜氰可湿性粉剂 600～800 倍液，或 40% 甲霜铜可湿性粉剂 700 倍液，或 58% 甲霜锰锌可湿性粉剂 500 倍液喷布。也可喷撒 5% 百菌清粉尘剂，667 平方米 1000 克，或用沈阳农业大学的烟剂 1 号 350 克熏烟。

（四）番茄早疫病

又叫番茄轮纹病。各地普遍发生，也是保护地番茄的重要病害。近年病情在加重，给个别棚室造成严重损失。

苗期发病可形成立枯死苗，成株期发病，植株上部的叶、茎、果、叶柄、果柄均可发病。叶片发病先从下部开始，向上部叶片扩展，初时叶片上形成褪绿小斑点，后逐渐形成大小不一的圆形、不规则形病斑。病斑褐色至暗褐色，边缘有时具有浅绿色或黄色晕环，病斑中部具有明显的同心突起轮纹。湿度大时病斑表面生有黑色霉状物，严重时多个病斑联合成不规则形大斑，造成叶片早枯。叶柄病斑椭圆形，稍凹陷，暗黑色，有轮纹，病斑大时引起叶片垂萎、枯死。茎部发病病斑多发生在侧枝分杈处，病斑椭圆形或不规则形，褐色至暗褐色，凹陷或稍凹陷，轮纹不明显，上面布满黑色霉状物。果实发病，病多发生在靠果肩部，病斑近圆形或椭圆形，直径10～30毫米，暗褐色，轮纹明显，上面布满黑色霉层。病斑部较硬，一般不腐烂，后期从病斑处开裂。

【病原菌】为茄链格孢菌，属半知菌亚门真菌，除危害番茄外，还危害茄子和马铃薯。

病菌主要以菌丝体和分生孢子随病残体在土壤中越冬，分生孢子也能附着在种子表面越冬。病残体中病菌可存活1年以上，种子上病菌可存活2年。

病菌在1～45℃均可生长，适宜温度20～23℃，相对湿度要求80%以上，分生孢子可萌发。早疫病发生得早，危害时间也长，一般在初果期发病，盛果期进入高峰。发病与营养关系密切，光合产物低、糖下降最容易感病。连作、栽培过密，灌水过多，基肥不足，结果过多，空气湿度大，都容易发病。

【防治方法】选用抗（耐）病品种，使用无病种子，进行种子消毒（52℃温水浸30分钟），冬季栽培采用高垄覆盖地膜，降低空气湿度，可减轻病害发生。

定植缓苗后提早喷药预防，药剂可用70%代森锰锌可湿性粉剂500倍液，或80%大生可湿性粉剂500倍液，或40%灭菌丹可湿性粉剂400倍液，或50%扑海因可湿性粉剂1000～1500倍液，或40%大富丹可湿性粉剂500倍液，或77%可杀得微粒粉剂500～700倍液，或47%加瑞农可湿性粉剂800～1000倍液喷布，各种药剂交替使用，5～7天喷1次，连续喷布2～3次。

(五) 番茄斑枯病

又叫番茄鱼目斑病，各地都有发生，是造成植株早衰的重要原因。

番茄斑枯病多在开花结果期后发生，主要危害叶片，先从下部叶片发病，向中上部发展。初期叶片背面产生水渍状圆形小斑点，接着扩展到叶正面，病斑逐渐扩大成直径2～3毫米圆形或近圆形，略凹陷病斑。病斑边缘暗褐色，中央灰白色，后期病斑中心密生许多小黑点，看上去像鱼眼睛，所以称为鱼目斑病。病情严重时叶片上布满病斑，相互连片，叶片枯黄。最后中下部叶片全部干枯，仅剩顶端少量健叶，植株早衰，只好提早拉秧。茎和果实上发病，病斑椭圆形，稍凹陷，褐色，中央淡褐色，其上散生小黑点。

【病原菌】为番茄壳针孢菌，属半知菌亚门真菌。

病菌以分生孢子器和菌丝体随病残体在土壤中越冬，菌丝体也能潜伏在种皮内使种子带菌。越冬后产生分生孢子器，孢子器吸水后膨胀，将器内胶质物溶解，使分生孢子从孔口逸出，经风雨传播或棚膜水滴及灌水溅到植株下部叶片上，从气孔或直接穿透表皮侵入，引起发病。

温、湿度对斑枯病发生影响最大，病菌在12～30℃范围内均可发育，最适温度为22～25℃。相对湿度在90%以上才能产生分生孢子，还需有水滴存在，因此叶面结露在病菌传播上起重要作用。分生孢子48小时完成萌发和侵入，潜育期4～6天，发病后病情发展很快，10～15天植株干枯。

【防治方法】进行床土消毒，培育无病的适龄壮苗。实行轮作，采用高垄覆盖地膜栽培。合理浇水追肥，通风排湿。发病初期摘除病叶深埋。

发现中心病株及时喷药防治，药剂可选用70%代森锰锌可湿性粉剂500倍液，或75%百菌清可湿性粉剂500倍液，或50%多菌灵可湿性粉剂、或80%大生可湿性粉剂、或50%甲基托布津可湿性粉剂500倍液，或40%多硫悬浮剂600倍液。也可喷撒5%百菌清粉尘剂，667平方米1000克，或用沈阳农业大学研制的烟剂1号350克熏烟。

（六）茄子枯萎病

随着保护地栽培的发展，茄子枯萎病也迅速发展，病情加重，在一些温室和大棚内已成为重要病害。

茄子枯萎病多在成株期发生，开始植株顶部叶片似缺水萎蔫，后萎蔫加重，植株下部叶片开始叶脉变黄，随之叶缘变黄，最后整个叶片变黄，枯萎而死。剖视病株的茎可见维管束变深褐色。

【病原菌】为尖镰孢菌茄子专化型，属半知菌亚门真菌。

病菌以菌丝体或厚垣孢子随病残体在土壤中和附着在种子上越冬，也可在土壤中营腐生生活。病菌由根部伤口或幼根直接侵入，进入并定居于维管束，堵塞导管，并产生镰刀菌毒素致使叶片萎蔫，干枯而死。病土和带菌粪肥都能传病，发病后主要靠水流传播。

温度25～28℃，土壤潮湿，利于发病。连作、移栽或追肥时伤根，长势弱容易发病。

【防治方法】选用无病种子，进行种子消毒，进行3年以上轮作。最有效的方法是嫁接换根，定植后加强管理，保持植株生长健壮，提高抗病力。

发病初期及时用药剂防治，可用的药剂有 50% 多菌灵可湿性粉剂 500 倍液，或 70% 甲基托布津可湿性粉剂 700～800 倍液，或 20% 甲基立枯磷乳油 1000 倍液，或 5% 菌毒清水剂 300 倍液，灌根，每株灌药液 500 克，7 天 1 次，连灌 2 次。

（七）茄子褐纹病

俗称烂茄子，各地普遍发生，并且发病严重，造成烂果，不但在生产中为害，还在贮运和销售过程中继续为害。

茄子各生育期均可受害。幼苗发病，在下胚轴上出现梭形褐色稍凹陷病斑，条件适宜时，病斑很快发展，造成幼苗猝倒或立枯。稍大苗则形成“悬棒槌”。成株期叶、茎、果都可发病，以果实最易受害。果实发病，开始在果面上形成圆形或近圆形褐色小点，迅速扩展形成大小形状不一的稍凹陷的褐色湿腐型病斑，有时病斑可扩及半个至整个果实，病部轮生许多稍大的小黑点，最后病果腐烂，落地或成僵果悬留枝头。叶片发病，开始叶上产生苍白色小斑点，扩展后呈圆形、椭圆形或不规则形的大小不等病斑，病斑中央灰白色，边缘褐色至黑褐色，上面散生许多很小的黑点，病斑组织变薄、易破碎或穿孔。茎枝发病，病斑梭形或长圆形，中央灰白色，边缘紫褐色，稍凹陷，形成干腐状溃疡，上面散生许多小黑点，后期病部常皮层脱落露出木质部。

【病原菌】为茄褐纹拟茎点菌，属半知菌亚门真菌。

病菌主要以分生孢子器和菌丝体在土壤表面病残体上越冬，也可以菌丝体潜伏在种子的种皮内，或以分生孢子附着在种子表面越冬。

带菌种子可引起发病，土壤中病菌可引起植株基部溃疡，产生的分生孢子成为茎叶、果实发病的侵染源。病部产生的分生孢子，借风雨、灌水、昆虫和农事操作传播，从伤口或直接穿透表皮侵入，成株期潜伏期7天左右，条件适宜，病害极易发生流行。

病菌在7~40℃范围内均可发育，但菌丝体生长，分生孢子产生和萌发适温为28~30℃，并需有80%以上的相对湿度。

【防治方法】选用抗病品种、无病种子进行种子消毒，培育适龄壮苗，定植后加强管理，调节好温、湿度，减少发病条件。

一旦发生病害及时用药剂防治，药剂可选用50%苯菌灵可湿性粉剂1000倍液，或65%福美锌可湿性粉剂500倍液，或70%代森锰锌可湿性粉剂500倍液，或68%倍得利可湿性粉剂500倍液，或40%甲霜铜可湿性粉剂700倍液，或75%百菌清可湿性粉剂600倍液喷布，也可用沈阳农业大学的烟剂1号，667平方米350~400克熏烟。

（八）茄子茎基腐病

近年茄子茎基腐病各地普遍发生，已成为对保护地茄子生产威胁最大的病害。

定植不久即可发病，以门茄坐果后发病最重，多在根茎（地表下的茎）和茎基部（贴地表的茎）发病，皮层变褐湿腐，枝叶萎蔫、枯黄。病部最后凹陷或缢缩、腐烂，皮层易剥离露出暗色木质部，病株最后枯萎而死。

【病原菌】为腐皮镰孢菌，属半知菌亚门真菌。病菌侵染茄子、辣椒、番茄等茄果类蔬菜，也能侵染一些瓜类蔬菜。

病菌以菌丝体和厚垣孢子在病残体及土壤中越冬，厚垣孢子可存活5~6年，是田间主要初侵染来源。病菌由根茎部伤口侵入，在皮层细胞为害，最后进入维管束组织。发病后，病部产生分生孢子，再由灌溉水、农事操作工具传播。

病菌在10～35℃均能发育，较喜低温，在温度15～17℃，相对湿度80%时最容易发病。土质黏重、重茬、土壤湿度高发病重，地下害虫多，农事操作伤根均能加重发病。

【防治方法】高垄覆盖地膜，充分施基肥，调节好温、湿度，合理灌水追肥减轻病害发生。

发现病害立即用药剂防治，药剂可选用50%可湿性多菌灵500倍液，或70%甲基托布津可湿性粉剂800倍液，或75%敌克松可湿性粉剂800倍液，或5%菌毒清水剂500倍液，或77%可杀得可湿性粉剂500倍，或25%络氨铜水剂300～400倍液，或25%敌力脱乳油2500倍液喷布。

（九）茄子菌核病

目前只在局部地区保护地茄子上发生，但病情发展很快，危害日益加重，值得重视。

植株各部位均能发病，但多从主茎基部或侧枝5～25厘米处开始发病。开始发病部位呈水渍状淡褐色，稍凹陷病斑，后病部变灰褐色或灰色，干缩状，湿度大时病部长出白色絮状霉层，皮层很快腐烂。病茎表皮及髓部易形成菌核，菌核不规则扁平状，较大，后期病部干枯、髓空，表皮皱裂呈麻状外露，植株枯死。叶片发病，产生水渍状褐色有轮纹病斑。花受侵染后，水渍状湿腐、脱落。果实发病，病部褐色，表面长有白色霉层，后形成菌核，果实腐烂掉落或形成僵果。

【病原菌】为核盘菌，属子囊菌亚门真菌。

病菌以菌核在土壤中越冬，也可混在种子间越冬。春天温、湿度适宜，菌核陆续萌发抽生出子囊盘，子囊盘开放后，子囊孢子成熟即弹出，犹如烟雾，肉眼可见，是病害初侵染来源。子囊孢子萌发后先侵害下部衰老叶片和花瓣，引起发病，受害花瓣及叶片脱落后贴附在无病的茎叶上或与病茎叶接触均可传病，菌核本身也能产生菌丝直接侵入近地面茎叶和果实。在病害中期，由病部长出的白色棉絮状菌丝可形成新的菌核，这些菌核萌发后再次侵染。病菌侵染期很长，从定植初期至采收后期都可受侵染而陆续发病。

菌核形成和萌发适宜温度分别为20℃和10℃左右，要求土壤湿润。棚室中温度16～20℃，相对湿度85%～100%，最适于发病。

【防治方法】采取高垄覆盖地膜栽培，减少菌源，定植后加强管理，增施磷、钾肥，调节好土壤和空气湿度，减少发病。

经常检查，发现病株及时拔除深埋，并喷药防治，可选用的药剂有50%甲基托布津可湿性粉剂500倍液，或20%甲基立枯磷乳油1000倍液，或50%速克灵可湿性粉剂1500倍液，或50%扑海因可湿性粉剂1000倍液，或50%农利灵可湿性粉剂1000倍液，或40%菌核净可湿性粉剂1000倍液，或50%氯硝胺可湿性粉剂1000倍液喷布。

（十）辣椒疫病

俗称烂秧子，是露地辣椒最严重的病害，在保护地生产上也有发生。

主要在成株期发病，茎枝、叶片和果实均可发病。茎枝发病，初生暗绿色水浸状斑点，扩展极快，可长成5～10厘米大型黑褐色病斑，病部皮层软化、腐烂，一捋皮层可捋去，病部以上枝条常凋萎死亡。叶片发病，产生圆形或不规则形大块暗绿色湿腐斑，迅速扩展至全叶，叶片发黑、湿腐、凋萎、脱落。果实发病，多白果蒂部先发病，水浸状病斑迅速向果面和果柄发展，致使整个果实似水烫状，呈灰绿色，后灰白色软腐，有时有褐色同心轮纹，病果脱落或失水呈淡褐色僵果挂留在枝头。湿度大时在病部特别是果实病部长出疏白色霉层。

【病原菌】为辣椒疫霉菌，属鞭毛菌亚门真菌，病菌除危害辣椒外尚可侵染番茄和茄子。

病菌以卵孢子在地表病残体上或土壤中越冬，种子也能带菌，卵孢子在土壤中能存活 2 年。土壤中卵孢子萌发，直接侵染植株根茎基部，也可被雨水、灌溉溅水传至植株下部茎、叶和果实上侵染发病。带菌种子萌发，直接侵染幼苗。发病后，病部长出大量孢子囊，借风雨传播。条件适宜时，孢子囊 2 个小时萌发放出游动孢子，7～10 个小时就完成侵入过程，潜育期 2～3 天。因此一旦发病，短期内就会流行成灾。

温度 26～30℃，相对湿度 95% 以上，4～6 个小时有水滴，是疫病发生的主要条件。棚室栽培因空气湿度大，容易发病。

【防治方法】选用无病种子，进行种子消毒，培育适龄壮苗。采用高垄覆盖地膜定植，增施基肥，加强管理，提高抗逆性。

一旦发生病害立即喷药防治，药剂可选用 25% 甲霜灵可湿性粉剂 800 倍液，或 77% 可杀得可湿性微粒粉剂 500 倍液，或 68% 倍得利可湿性粉剂 500 倍液，或 72% 克霜氰可湿性粉剂 600～800 倍液，或 64% 杀毒矾可湿性粉剂 300～400 倍液喷布，也可用 10% 高效杀菌宝水剂 200～300 倍液灌根。

（十一）辣椒炭疽病

各地发生普遍，是露地辣椒重要病害，保护地辣椒也有发生。

辣椒炭疽病常见的有两种：一种是黑色炭疽病，果实发病，初期产生水渍状褐色斑点，扩展后呈大小不等的圆形或不规则形，黑褐色，稍凹陷的病斑。病斑上有稍隆起的同心轮纹，其上轮生许多小黑点，湿度大时，病斑表面溢出红色黏稠状物。被害果内部组织半软腐状，易干缩致使病部呈牛皮纸状，易破碎。有时叶片也发病，病斑近圆形或不规则形，中间灰褐色，边缘褐色，其上生小黑点。另一种是红色炭疽病，初时病斑为水渍状淡褐色斑点，逐渐扩展后呈圆形或近圆形大型病斑。病斑棕黄褐色，凹陷，微现橙红色小点，略呈同心环状排列。湿度大时，病斑表面常有些淡红色黏质物溢出，发病严重时，整个果实烂掉。

【病原菌】黑色炭疽病为茄果腐黑刺盘孢菌，属半知菌亚门真菌；红色炭疽病为辣椒盘长孢菌，属半知菌亚门真菌。

病菌以分生孢子附着在种子表面或以菌丝体潜附在种子内部越冬。也可以分生孢子盘随病残体在土壤中越冬。越冬后病菌产生分生孢子，靠棚膜滴水和雨水、灌溉等传播到植株下部果实、叶片上萌发后，由伤口侵入。红色炭疽病菌能直接侵入。发病后，病斑上产生新的分生孢子，靠风雨、昆虫及农事操作传播进行再侵染。温度适宜，潜育期黑色炭疽病 3～4 天，红色炭疽病 5～7 天，所以条件适宜，病害容易发生。

病菌喜高温、高湿条件，黑色炭疽病菌发育温度 12～33℃，红色炭疽病菌 15～35℃。最适宜温度，前者 27℃，后者 27～30℃。相对湿度都要求 95%，低于 70% 的湿度不适其发育，分生孢子侵入需有水滴，保护地内通风排湿不好或偏施氮肥都容易发病。

【防治方法】选用抗病品种，进行种子消毒，培育适龄壮苗，实行两年以上轮作。定植后加强管理，调节好温、湿度，合理追肥浇水，提高植株抗逆性。

发现病害及时用药剂防治，可选用的药剂有 50% 苯菌灵可湿性粉剂1000倍液，或80%炭疽福美可湿性粉剂800倍液，或70%甲基托布津可湿性粉剂800～1000倍液，或50%多硫悬浮剂600倍液，或50%利得可湿性粉剂800倍液，或80%大生可湿性粉剂800倍液喷布，也可用沈阳农业大学烟剂1、3号等量混合，667平方米350～400克熏烟。

（十二）辣椒细菌性疮痂病

也叫细菌性斑点病，是辣椒上常见的病害，各地保护地辣椒生产均有发生，发病重时提早落叶，损失很大。

疮痂病多在成株期发生，主要危害叶片、茎枝和果实。叶片发病，初时出现水渍状、黄绿色小斑点，逐渐扩展成大小不等的圆形或不规则形病斑，为边缘褐色，稍隆起，中央浅褐色，稍凹陷，表面粗糙的疮痂状病斑，病斑多时融合成较大病斑或病斑连片，引起落叶，重病株叶片几乎落光，仅剩枝梢几片小叶，对产量影响很大。茎枝上发病，病斑呈不规则条斑或块斑，后木栓化或纵裂为疮痂状。果实发病，出现圆形或不规则形疱疹状黑褐色病斑，后病斑疮痂状，边缘有裂口，并有水渍状晕环，湿度大时有少许菌脓溢出。

【病原菌】为野油菜黄单胞菌辣椒斑点病致病型，属细菌。

病菌主要附着种子表面越冬，也可随病残体在土壤中越冬。土壤中病菌借灌溉水流传播至植株下部叶片、茎上、果实上引起发病。发病后细菌借风雨、棚膜滴水、昆虫和农事操作传播，由气孔或伤口侵入，在细胞间隙发育、繁殖，并分泌刺激性物质刺激病部组织，使表皮细胞层增高，病斑边缘稍隆起呈疮痂状。

温度27～30℃，相对湿度90%以上，适合病害发生。保护地内灌大水，通风不及时，造成闷热潮湿条件，病害迅速发生和发展，致使植株徒长或患衰弱病。

【防治方法】选用抗病品种，进行种子消毒，实行2～3年轮作。

定植后加强管理，控制好棚室温、湿度，减少发病条件。

发现病害立即用药剂防治，药剂可选用农用链霉素 200 毫克/千克，或新植霉素 200 毫克/千克，或 60% 百菌通可湿性粉剂 500 倍液，或 14% 络酸铜水剂 300 倍液，或 47% 加瑞农可湿性粉剂 800 倍液，或 10% 高效杀菌宝水剂 300～400 倍液喷布。

（十三）辣椒根腐病

各地保护地辣椒上均有发生，特别在低洼、多雨地区发生严重，并且日益加重。

辣椒根腐病多发生在定植缓苗后不久的植株上。植株茎基部及根部皮层变褐色，湿腐状，植株地上部枝叶萎蔫、枯黄。植株病部最后缢缩、腐烂，皮层剥离露出暗色的木质部，病株多倒伏而死。

【病原菌】为腐皮镰孢菌，属半知菌亚门真菌。

病菌以菌丝体、厚垣孢子和菌核在病残体及土壤中越冬，厚垣孢子在土壤中能存活 5～6 年甚至更长。病菌从根部侵入，在病部产生分生孢子，借雨水、灌溉水传播，进行再侵染。

高温、高湿条件有利于发病，连作、低畦地、黏土地、下水头发病严重。

【防治方法】采用高垄覆盖地膜栽培，发病严重地块需进行非茄科作物轮作，防止大水漫灌，及时中耕松土增加土壤通透性，施基肥要腐熟。

发现病害及时用药剂防治，药剂可选用 50% 多菌灵可湿性粉剂 500 倍液，或 50% 甲基托布津可湿性粉剂 500 倍液，或 10% 双效灵水剂 200～300 倍液，或 75% 敌克松可湿性粉剂 800 倍液，或 5% 菌毒清水剂 250～300 倍液，或 3.2% 克枯星水剂 500～700 倍液灌根，或喷洒表土、植株的基部，各种药剂交替喷布。

二、虫害防治

（一）红蜘蛛

红蜘蛛又称朱砂螨、棉叶螨，属蛛形纲害虫，危害多种蔬菜，以茄果类、豆类受害最严重，保护地茄子、辣椒上红蜘蛛为害日趋严重。

【害虫特征】成螨和若螨群栖在叶背面吸食汁液，尤以叶片中脉两侧虫量最为集中，虫量大时可分布全叶。受害初期叶正面出现白色小斑点，逐渐全叶褪绿成黄白色，严重时叶片变锈褐色，整片叶枯焦脱落，全株枯死，果皮粗糙呈灰白色。

雌成螨梨形，体长 0.5 毫米，锈红色或红褐色，体背两侧各有一块长形黑斑，有的斑分两块，螯肢有心形的口针鞘和口针，须肢胫节爪强大，眼 2 对，位在前足体背面，背毛 12 对，呈刚毛状，无臀毛，腹毛 16 对，肛门前方有生殖瓣和生殖孔，生殖孔周围有放射状的生殖皱襞，气门沟呈膝状弯曲。雄成螨体长 0.3 毫米，腹部末端略尖，背毛 13 对，幼螨只有 3 对足，幼螨蜕皮后为若螨，具 4 对足。

红蜘蛛一年可发生 10～20 代，发生代数由北向南逐渐增多。成螨在枯枝落叶下、杂草丛中、土缝里越冬。春天越冬成螨开始活动，并产卵于杂草或其他作物上。在保护地内发生更早，5～6 月间迁至菜田，初期点片发生，逐渐扩散到全田，晚秋随温度下降，便迁往越冬寄主上越冬。朱砂螨可孤雌生殖和两性生殖，孤雌生殖的后代全部为雄螨，羽化后的第二天雌虫即可产卵。卵羽化后称幼螨，雌性幼螨经两次蜕皮变成 2，3 龄若螨，分别称前期若螨和后期若螨，均为 4 对足。雄性幼螨只蜕 1 次皮，仅有前期若螨。幼螨和前期若螨不活泼，后期若螨活泼贪食，并有向上爬的习性。朱砂螨一般从下部叶片开始发生，向上蔓延，当繁殖量大时，常在植株顶尖群集用丝结团，滚落地面四处扩散。

朱砂螨发生最适温度为29～30℃，相对湿度35%～55%，温度超过31℃，相对湿度超过70%对其发育不利。植株营养对其发育有影响，叶片含氮量高时虫量大，危害严重。天敌有小花蝽、小黑瓢虫、黑襟瓢虫等。

【防治方法】及时清除保护地内及周边杂草、枯枝老叶，减少虫源。避免干旱，适时适量浇水。氮、磷、钾肥配合施用，不偏施氮肥。

发现红蜘蛛立即喷药防治，可选用的药剂有73%克螨特乳油2500倍液，或尼索朗乳油3000倍液，或50%溴螨酯乳油1000倍液，或40%菊杀乳油2000～3000倍液，或40%菊·马乳油2000～3000倍液，或40%乐果乳油加80%敌敌畏乳油（1∶1）1000～1500倍液喷布。

（二）茶黄螨

又叫茶嫩叶螨、茶半跗线螨、侧多跗线螨，属蛛形纲蜱螨目跗线科螨类害虫。主要危害茄果类、瓜类、豆类蔬菜，其中尤以茄子、辣椒受害最重，各地保护地茄子、辣椒受害普遍。

成螨、幼螨均可为害。集中在幼嫩叶部位吸食汁液，受害叶片变灰褐或黄褐色，并出现油渍状，叶缘向下卷曲。嫩茎、嫩枝受害后变褐色、扭曲，严重时顶部干枯。茄子受害后引起果皮龟裂，果肉种子裸露；辣椒受害后，植株矮小丛生、落花、落果，形成秃尖，很像病毒病症状。

【害虫特征】雌成螨体长0.3毫米，体椭圆形，腹末端平截，淡黄色半透明，体躯分节不明显，足较短，第四对足细，跗节末端有端毛和亚端毛。雄成螨略小，近六角形，末端圆锥形，体淡黄色半透明，足长而粗壮，第三和第四对足基节相接，第四对足的胫节融合成胫跗节，其上有一个爪，如同鸡爪，足的末端为一瘤状。幼螨椭圆形，淡绿色，具3对足。若螨长椭圆形，是静止的生长发育阶段，被幼螨的皮包围。

茶黄螨一年发生多代，南方以成螨在土缝、蔬菜、杂草根际越冬，北方在温室蔬菜上越冬，冬暖地区和北方温室可周年繁殖为害。

茶黄螨以两性繁殖为主，也有孤雌生殖，但孤雌生殖的卵孵化率很低。雌虫产卵于叶背或果凹处，散产，一般2～3天可孵化。幼螨期2～3天，若螨期2～3天。

成螨活跃，尤其雄螨活动力强，并可携带雌性若螨向植株幼嫩部分迁移取食。茶黄螨除靠本身爬行扩散外，还可借风远距离传播。此外，秧苗、人、畜均可携带传播。

茶黄螨喜温暖潮湿条件，生长繁殖最适温度为18～25℃，相对湿度为80%～90%，高温对其繁殖不利，成螨遇高温寿命缩短，繁殖力降低，甚至失去正常的繁殖力。

【防治方法】清洁田园，消灭杂草，清除残枝落叶，保持棚室清洁，减少虫源。

发现茶黄螨及时用药剂防治，药剂可选用73%克螨特乳油2000倍液，或5%尼索朗乳油2000倍液，20%灭扫利乳油3000倍液，或20%双甲脒乳油1000倍液，或35%杀螨特乳油1000倍液，或25%扑虱灵可湿性粉剂2500倍液喷布。

（三）蚜虫

危害茄子、辣椒的蚜虫主要有桃蚜、瓜蚜、茄子无网蚜。成虫和若虫在植株叶背和嫩茎及生长点上吸食汁液，由于繁殖速度快，一旦发生，防治不及时，严重影响植株的正常生长发育，影响产量。特别是辣椒最容易遭蚜虫危害。蚜虫还传播病毒，其危害的严重性远远大于蚜虫危害本身。棚室栽培的茄子、辣椒，随时都可发生蚜虫，必须经常观察，发现蚜虫立即消灭。防治方法参见前面瓜类蔬菜的病虫害防治。

（四）温室白粉虱

棚室栽培的番茄、茄子、辣椒，均容易遭受白粉虱危害。白粉虱的成虫和若虫群集在叶背面吸食汁液，使受害叶片褪绿变黄萎蔫，甚至枯死，其排出的蜜露，造成叶片和果实产生。煤污病，必须及时防治。

温室白粉虱的发生规律及防治方法已在瓜类蔬菜病虫害防治中介绍过。

（五）棉铃虫

俗称番茄蛀虫，属鳞翅目害虫。食性很杂，可危害多种作物，在蔬菜中番茄受害严重。

棉铃虫幼虫蛀食番茄植株的花蕾、花、果、嫩叶、芽及嫩梢。花蕾受害后苞叶张开、变黄，2～3 天即脱落；幼果受害常被食空或引起腐烂脱落；成果受害，常蛀入果内蛀食果肉，排出虫粪在果内，引起腐烂，失去食用价值。

【害虫特点】成虫长 15～17 毫米，翅展 27～28 毫米。体变色变化较大，雌虫灰褐色，雄虫灰绿色。前翅正面肾状纹、环状纹及各横线不大清晰，中横线斜伸，末端达环状纹正下方。外横线斜向伸达肾状纹正下方，后翅近外缘有黑色宽带，后翅翅脉褐色。老熟幼虫体长30~42毫米，体色有淡绿、绿、黄褐、紫黑等各种颜色。头部黄褐色，背线、亚背线、气门上线呈深色纵线，前胸气门多白色，围气门片黑色。气门前两侧毛连线与气门下端相切或相交，体表不光滑，有小刺，小刺长而尖且底座较大。

一年发生2~6代，由北向南逐渐增加。南方以蛹越冬，北方只在保护地内发现越冬蛹。

成虫夜间活动，取食花蜜、交尾、产卵。大部分卵散产于番茄植株顶尖、嫩叶、花萼、茎基部，每个雌虫产卵100~200粒。成虫对黑光灯和半干枯杨树枝有趋性。刚孵化的幼虫啃食嫩叶、花蕾，3龄后蛀果危害，并能转果危害。早期幼虫喜食青果，老熟幼虫蛀食成果，一头幼虫一生危害3~5个果，最多8个果。

【防治方法】棉铃虫多产卵于番茄顶尖，可结合整枝摘除虫卵，及时摘除病果。在产卵高峰期后3~4天、6~8天，连续喷两次B·t乳剂，或HD-1，或棉铃虫核多角体病毒，使大量幼虫得病而死掉。还可在卵孵化盛期和2龄前进行药剂防治，药剂可选用21%灭杀毙乳油6000倍液，或2.5%功夫乳油5000倍液，或2.5%天王星乳油3000倍液，或10%菊·马乳油1500倍液，或2.5%溴氰菊酯乳油2500倍液喷雾。

（六）烟草夜蛾

又叫烟青虫，属鳞翅目害虫，主要危害辣椒和番茄。以幼虫为害，尤以辣椒受害最重。一般幼龄幼虫在植株上部食害嫩茎、叶、芽、顶梢；稍大后开始蛀食花蕾、花，3龄以后蛀入果实啃食果肉，果实受害后造成腐烂，严重影响产量和品质。

【害虫特征】成虫体长15毫米，翅展25~32毫米，淡黄褐色。

前翅肾状纹，环状纹及各横线清晰。外横线向斜后方延伸，但斜度不大，未达到肾状纹正下方；中横线斜伸，但未达到环状纹正下方。后翅黄褐色，翅外缘黑色，在黑色内有一条明显的细黑线。幼虫老熟时体长约40毫米，体色多变，有淡绿、绿、黄褐、黑紫色。前胸气门前两侧毛连线在气门下方，体表不光滑，有小刺，圆锥状短而钝。

北方一年发生2代，以蛹在土壤中越冬。第二年6月下旬至7月上旬为第一代幼虫盛发期，第二代幼虫盛发期为8月中下旬至9月，所以8~9月辣椒受害最重。成虫白天隐蔽，夜间活动，有趋光性但不强，对甜香物质和半干杨树枝有趋性。成虫交配、产卵在夜间进行，前期卵多产在萼片和果实上，也可在番茄果实上，但存活的幼虫极少。卵散产，偶有2~4粒在一起的。幼虫夜间取食为害，初孵幼虫先啃食卵壳，然后取食嫩叶、嫩梢，3龄以后全身蛀入果实啃食胎座和种子。幼虫有转果危害习性，每头幼虫可转害3~5个果实。老熟幼虫有假死性，受惊后可蜷缩坠地。幼虫共6龄，历时11~25天，老熟后入土化蛹。

烟青虫发育程度和食物因子有关，食烟草可全部成活，食辣椒50%成活。辣椒生长势强，叶色深绿，现蕾早的田块落卵率高，幼虫蛀果率也较低。

【防治方法】秋季翻地可杀死部分越冬虫源。在产卵后，有条件的释放赤眼蜂，或用杀螟杆菌、青虫菌、Bt乳剂等生物农药800~1000倍液喷雾，杀灭幼虫。

在幼虫2龄以前及时进行药剂防治，药剂可选用2.5%功夫乳油500倍液，或2.5%天王星乳油3000倍液，或2.5%溴氰菊酯乳油2500~3000倍液，或20%速灭杀丁乳油2500倍液，或10%菊·马乳油1500倍液喷雾。

（七）蝼蛄

俗名拉拉蛄、地拉蛄。常见蝼蛄有两种，一种叫非洲蝼蛄，一种叫华北蝼蛄，均属于直翅目害虫。各地普遍发生，危害严重。

成虫、若虫在土中咬食播下的种子、幼芽，常将幼苗咬断致死，受害的作物根部呈乱麻状。由于蝼蛄活动，将表土层窜成许多隧道，使苗土分离，失水干枯而死，造成缺苗断垄。在保护地内，由于温度高，蝼蛄活动早，加之幼苗集中，所以受害严重。

【害虫特征】非洲蝼蛄体长30～35毫米，灰褐色，全身密布细毛，触角丝状，前胸背板卵圆形，中间有一明显暗红色心脏形凹陷斑。前翅鳞片状，灰褐色，仅达腹部1/2，腹末具一对尾须。前足为开掘足，后足胫节背面内侧有刺3～4根。华北蝼蛄体型大，体长36～55毫米，黄褐色，前胸背板心形凹陷不明显，后足胫节背面内侧仅有1根或消失。

非洲蝼蛄在北方两年完成一代，南方一年一代。成虫或若虫在冻土层下，地下水位以上越冬。5月上旬至6月中旬是蝼蛄危害盛期。春季北方阳畦、温室和大中棚因地温较高，土壤疏松，有机质多，有利于蝼蛄活动，所以危害早且严重。华北蝼蛄约三年一代，卵期22天，若虫期两年，成虫期一年，也以成虫和若虫在土中越冬。

两种蝼蛄均昼伏夜出，晚21～23时为活动取食高峰，棚室灌水后活动更甚。具有趋光性和喜湿性，对香甜物质，炒香的豆饼、麦麸、马粪等具有强烈趋性。非洲蝼蛄多发生在低洼潮湿地区，华北蝼蛄多发生在盐碱低湿地区。非洲蝼蛄产卵期约两个月，每头雌虫产卵60～100粒，华北蝼蛄可产卵288～368粒。

【防治方法】施基肥（有机肥）一定要充分腐熟。有条件可设置灯光诱杀，对非洲蝼蛄效果更好。利用毒谷和毒饵诱杀是普遍采用的方法。将15千克的豆饼、棉籽饼、麦麸、玉米碎粒炒香，或将15千克谷子、秕谷煮至半熟，稍晾干，用50%辛硫磷乳油，或40%甲基异柳磷乳油500克，加水500毫升混拌均匀，做成毒饵或毒谷，667平方米用量2000~3000克。定植时施于定植穴，或直接施于土表。在发生蝼蛄危害时，施于隧道口。

第四章

温室大棚绿叶菜蔬菜优质高产栽培技术

第一节 喜寒绿叶菜类蔬菜栽培

一、芹菜

（一）芹菜品种

1. 菊花大叶　山东省烟台市的地方品种。株高70厘米以上，长势旺盛，叶片大，缺刻深，叶形似菊花，叶柄空心而粗大，品质好，纤维少，适应性强，667平方米产量5000～7500千克。

2. 天津黄苗　天津地方品种。植株生长势强，叶柄肥厚而长，实心或半空心，叶片黄绿色，单株重500克左右，纤维少，品质好，耐热，耐寒，冬性强，不易抽薹，667平方米产量5000千克以上。

3. 津南实芹1号　天津市南郊区双港乡农科站从当地白庙芹菜中选育的品种。植株生长势强，生长速度快，叶柄长而宽厚，实心，呈黄绿色，株高80厘米以上，基部呈白色，粗纤维少，质地脆嫩，口感好，叶柄含葡萄糖、维生素C较多，食用部分占80%以上。抗寒、抗盐碱，耐低温，抽薹晚，早熟高产，667平方米产量高达10000千克。

4. 开封玻璃脆　1966年开封市从广东省佛山市引进的西芹（洋芹）同当地实秆青芹自然杂交后育成。纤维少，品质脆嫩，故名玻璃脆。叶柄青绿色，最大叶柄长60厘米，宽2.4厘米，厚0.95厘米，实心，药味小，肉质脆嫩，品质佳，适应性强，667 平方米产量 5000～7500 千克。

5. 马厂芹菜　天津地方品种。株高 70 厘米以上，植株生长势强，叶片无缺刻，淡绿色，叶柄粗大，黄绿色，纤维少，品质好。抗寒耐热，春天栽培不易抽薹，667 平方米产量 4000 千克左右，适于华北、东北等地区栽培。

6. 细皮白　北京地方品种。株高 70～80 厘米，株型直立，叶片绿色，叶柄白绿色，长而光滑，实心，质地脆嫩，而易软化，纤维少，品质好。较耐寒，喜阴凉，不耐热，不耐涝，不抗病，667 平方米产量 4500 千克左右，北京地区多作为阳畦软化栽培。

7. 春丰芹菜　北京市农林科学院选育的品种。植株生长势强，株高 70～80 厘米，实心，叶柄长，浅绿色，生长速度快，纤维少，品质好，不易抽薹，667 平方米产量 4000 千克左右。

8. 意大利冬芹　从意大利引进的品种。植株生长势强，株高 80 厘米以上，叶深绿，叶柄宽阔，实心，肉厚，纤维少，品质好。耐热、耐旱、耐寒，单株重 500～1000 克，667 平方米产量 6500～10000千克。

9. 美国芹菜　从美国引进的品种。植株生长势强，株高 70 厘米左右，叶色深绿，叶柄白大而肥厚，组织细致而脆嫩，实心，药味较淡，品质优良。单株重 300～400 克，667 平方米产量 6000～7000 千克。耐寒性较强，适应性广，不易抽薹。适合各种保护地设施栽培，特别是春季栽培。

（二）育苗

芹菜温室大棚栽培，育苗分两个季节进行。一是夏季育苗，在露地遮阴进行；二是冬季育苗，在日光温室地面进行。

1. 菡床准备

(1) 遮阴床　在露地土质疏松、排灌方便的地块，做1米宽、6~8米长的硬埂畦。平整畦面后，撒施充分腐熟的农家肥3厘米厚，翻10厘米深，划碎土块，使粪土掺和均匀，搂平畦面。准备好竹竿和遮阳网，以备播种后遮阴。同时准备细沙，过筛后堆放在畦边，以便播种后覆盖种子。

(2) 温室育苗畦　在温室前底脚、靠东西山墙处做育苗畦，畦埂尽量窄小，便于喷水，节约土地面积。施肥方法与露地育苗床相同。

2. 播种

(1) 遮阴床播种　按667平方米温室栽培计算，播种量300克左右，不需要浸种催芽，撒播干籽，每平方米播种量4~5克。

先踩一遍畦面，然后灌水，水渗下后用细土找平畦面，撒播种子。为了便于撒种，可在种子中掺匀2~3倍的过筛细沙，撒完种覆盖1厘米厚的细沙。在畦埂上挡上竹竿，铺上遮阳网，四周压牢。

(2) 温室苗床播种　按667平方米播种600~700克，计算出日光温室和中、小棚栽培面积的实际播种量，把种子混上3倍过筛的细沙，浇水湿透，装入清洁的泥盆中，不覆盖，放在18~20℃温度处，每天翻动两遍，始终保持细沙湿润，6~7天出芽后播种。搂平畦面，用喷壶喷水，撒种后，覆盖1厘米厚细沙，畦面覆盖地膜，每平方米播种10克左右。

3. 苗期管理

(1) 露地育苗管理　播种覆盖细沙后，为了防止杂草丛生，用25%除草醚可湿性粉剂50克加水7.5~10升，均匀泼洒在畦面上。杂草比芹菜发芽、出苗早，在发芽阶段即可被杀死，个别种的杂草不被杀死，再靠人工拔除。

出苗后勤浇水，保持畦面湿润，利用早晨、傍晚或阴雨天撤下遮阳网。芹菜幼苗怕涝，降雨时要在畦的下端开口，及时排除积水。苗期发现蚜虫及时喷药消灭，幼苗3~4叶以后保持见干见湿。

（2）温室育苗管理　出苗后撤下地膜，立即用喷壶喷水，以后保持见干见湿。因芹菜耐寒，又是在果菜类温室中，所以气温和地温都可满足需要。因空气湿度较高，通风量少，应尽量少浇水。

（三）定植

1. 温室定植

（1）定植时期　温室芹菜在温室墙体、后屋面已建成，前屋面骨架安装完毕，尚未覆盖薄膜，9月下旬至10月上旬，露地未出现霜冻前定植。

日光温室春茬芹菜在1月上中旬，秋冬茬果菜类蔬菜采收结束后定植。

中、小棚在春天棚内不出现霜冻时即可定植，从南向北逐渐延晚定植期。

（2）整地施基肥　做成1米宽硬埂畦，每667平方米施农家肥5000~6000千克，耕翻20厘米，耙平畦面。

（3）定植方法、密度　定植前1~2天苗畦浇水，以便于起苗，并喷药消灭蚜虫。起苗后进行分级，把大小苗分别栽，以达到整齐一致。每畦栽5行，行距20厘米，株距8厘米，用尖铲挖穴，芹菜苗不剪根不去叶，把根垂直栽入穴中，栽苗深度以浇完水保持原来的入土深度为宜，栽苗过浅过深都不利于生长。栽完苗把畦面整平，逐畦灌水。

2. 中小搬定植

（1）整地施基肥　有外覆盖保温的中棚，整地施基肥方法与日光温室相同，可调节日照时间，防止抽薹，进行多次采收；无外保温的中棚和小拱棚，可做成小埂畦，畦埂不作为管理之用，只便于浇水，施基肥与温室相同。

（2）定植方法、密度　有外保温的中棚与温室芹菜定植方法相同，因为没有水道占地面积，667 平方米栽苗 41000 株左右。

中、小棚因为一次性收获，栽培密度大，每畦栽 6 行，穴距 10 厘米，每穴栽双株，667 平方米栽苗 8 万株左右。也可隔行栽双株，隔行栽单株，共栽苗 6 万株。小拱棚要先栽苗，后扣小拱棚。

（四）定植后的管理

1. 日光温室冬芹菜管理

（1）覆盖薄膜前管理　定植后，表土见干时还要浇水，促进缓苗和发新根。心叶发绿时表明已经缓苗，进行细致松土保墒。7～10 天不再浇水，控制地上部生长，有利于根系发育，使外叶开张，为心叶发育打好基础。

（2）覆盖薄膜后管理　在出现霜冻前覆盖薄膜。初期温度较高，可揭开底脚围裙昼夜通风，用通风量大小调温，白天气温控制在 20～22℃，夜温 15℃左右。在夜间室内气温降到 10℃以下时，夜间闭风，白天通风。当夜间密闭不通风，气温降到 10℃以下时，覆盖草苫。初期要晚盖早揭，气温降到 10℃左右时再覆盖，早晨太阳刚出来就揭开，白天仍然控制在 20℃左右。随着外温的下降，逐渐缩小通风量，减少通风时间，夜间最低气温保持 6℃以上。遇到灾害性天气，北纬 41°地区要加盖纸被或盖双层草苫，防止室内气温接近 0℃。

覆盖薄膜前追 1 次肥，结合浇水，667 平方米追尿素 15 千克，在接近中午、叶片上无露水时撒施，用新笤帚扫净遗落在叶片上的尿素，撒完一畦立即灌水，水量要没过盘状茎部，以免烧坏心叶，浇水后要加强通风排湿。此次水肥可促进根系发育、外叶充分生长，并为短缩茎加粗，叶柄生长累积较多的养分。

心叶进入直立生长期，加强水肥管理，667 平方米追硫酸铵 40 千克，结合浇水，方法与前次相同。追肥浇水后始终保持地面湿润。

在株高 20 厘米以上时，喷 1 次赤霉素（九二〇），用 30 毫克/千克的赤霉素与 200 倍的尿素混合液，喷布效果更好。

2. 日光温室春芹菜管理

（1）温度管理　定植初期外界温度低，尽量提高气温和地温。栽培春芹菜的温室，特别是在北纬 40°以北的日光温室，多数采光、保温性能较差，遇到灾害性天气，保温措施非常重要，除了盖双层草苫和加盖纸被外，还可在畦面上扣小拱棚。为了提高保温效果，尽量延长白天的高温时间，超过 25℃ 小通风，降到 20℃ 左右时闭风，尽量保持夜间气温 10℃ 左右。

立春以后随着温度的升高，为了加速芹菜生长，可适当提高温度，白天保持 20～25℃。

（2）水肥管理　日光温室春芹菜定植水浇足，不需浇缓苗水。缓苗后进行一次细致松土，以后保持见干见湿，浇水要选晴天上午进行，浇水后加强通风排湿。

芹菜心叶直立期开始追肥，结合浇水，667 平方米追施硫酸铵 20 千克，方法与冬芹菜相同。10～15 天再进行第二次追肥，开始追肥以后要始终保持地面湿润。

（3）防止抽薹的措施　日光温室春芹菜，定植后处在日光温室温度较低阶段，通过春化阶段是难免的，生长后期日照时间延长，就具备了转向生殖生长的条件，必须每天覆盖草苫时间不少于 14 小时，使芹菜始终处在短日照条件下，才能不断分化叶片，不进行花芽分化，避免抽薹，达到多次采收的目的。

3. 中、小拱棚芹菜管理

（1）有外保温中棚芹菜管理　可参照日光温室春芹菜进行温度、水肥管理和调节日照时间。其中，北纬 40°以南地区越冬栽培，关键是冬季的保温措施。

（2）一般中棚芹菜管理　定植后在高温高湿条件下，促进缓苗，不超过25℃不通风，通风要在背风的一侧支开较小的通风口，棚内底脚设围裙，冷风从围裙上部进入棚中，防止扫地风。缓苗后逐渐加强通风，白天保持20～25℃，尽量延长高温时间。随着外温的升高，光照的增加，逐渐加大通风量，延长通风时间。由于中棚昼夜温差大，白天温度稍高也不容易徒长，所以白天可保持20～25℃。

普通中棚芹菜定植后很容易通过低温春化阶段，生长期间又处在长日照下，有利于花芽分化，只有外叶，没有心叶直立和心叶肥大期，5月末以后就要抽薹，其产品只是外叶，只能一次性收获，需要在适宜温度条件下肥水齐攻，促进外叶徒长，才能获得脆嫩产品。缓苗后不要立即追肥，浇水量也不宜过大，因温度较低，应保持见干见湿。当植株长到6片叶，即将旺盛生长时，667平方米追施硫酸铵20千克，立即浇水，10天后再追1次肥，并经常保持畦面湿润，追肥方法如前所述。

（3）小拱棚短期覆盖芹菜管理　定植水浇足，缓苗期由于棚内空气湿度大，不通风容易烤伤叶片。缓苗后棚内气温超过25℃揭开两端薄膜通风，随着外温升高，再从背风的一侧支起几处通风口通侧风。并及时灌水，保持畦面湿润，2～3天再从逆风一侧支开几处通风口，2～3天后再从两侧开通风口，通对流风。

芹菜耐低温能力较强，当外界不再出现霜冻时，利用清晨、傍晚或阴雨天撤下小拱棚，再进行追肥浇水，转入露地栽培。

二、韭菜

韭菜是起源于我国的宿根蔬菜，抗寒耐热，适应性广，全国各地都有栽培。长江以南有些地区冬夏常青。北方冬季韭菜地上部分枯死，鳞茎、根茎在地下越冬，春天表土化冻重新萌发生长。在黑龙江省冬季气温降到-40℃仍可安全越冬。

韭菜是以鲜嫩的叶片和叶鞘为产品，营养丰富，风味鲜美，有刺激胃肠、帮助消化的作用。在北方广大地区韭菜的销量较大，供应期也比较长，20 世纪 30 年代冬季就有利用土温室生产的韭菜春节期间上市。60 年代以来，利用日光温室，塑料大、中、小棚冬季早春生产韭菜发展很快，韭菜已经实现了周年生产和周年供应。只有炎热的夏季，由于高温强光的影响，韭菜品质较差，又处在多种蔬菜上市旺季，销路不畅外，冬季、早春、新年、春节都是深受欢迎的香辛叶菜类蔬菜。

（一）韭菜品种

1. 汉中冬韭　陕西省汉中地区的地方品种。植株生长健壮，株高 40～50 厘米，叶色绿，叶肉厚，叶丛直立，叶片扁平，略呈三角形，叶片长 30 厘米以上，假茎粗 0.4～0.6 厘米，长 6～7 厘米。叶鞘白色，叶片柔嫩，纤维少，辛香味略淡，商品性好。

分株性中等偏弱，当年播种新分生植株能达到商品标准。抗寒性强，耐热、耐霜，休眠较晚，休眠期短，在低温下生长速度比较快，抗灰霉病能力较差。

2. 寿光独根红　山东省寿光县农家品种。分株性弱，因而单位面积的植株数相对稳定，单株发育较好，产量稳定，品质较好，生长盛期假茎粗 0.5～0.8 厘米，株高 40 厘米左右，叶片宽 1 厘米左右。假茎基部呈淡紫红色，叶色绿，质地柔嫩。因其分蘖少，叶鞘基部呈淡紫红色，所以品种名为独根红。该品种夏季抽薹较早，但不集中，适于冬季保护地生产。

3. 大金钩　山东省诸城县地方品种。植株粗壮，叶绿色，叶片宽 1.1～1.2 厘米，叶尖略弯曲反转成钩状。分株能力中等，耐寒性较强，叶丛较直立，株高可达 43～50 厘米。辛香味浓，品质优良，抗灰霉病能力较强，产量较高。属于深休眠品种，适于日光温室和中、小棚生产。

4. 马蔺韭　各地都有马蔺韭品种，栽培历史较长，各地区的马蔺韭大同小异，因其叶片较宽，形似马蔺，故称马蔺韭。叶片、叶鞘均为绿色，假茎较粗，纤维少，辛香味浓，品质好。分株少，抽薹晚，花薹少，叶片直立性差。属于深休眠品种，适于日光温室和中、小棚冬季、早春生产。

5. 竹竿青　黑龙江省佳木斯市地方品种。株高 40 厘米左右，叶宽 0.4 厘米以上，假茎粗 0.4～0.8 厘米。叶色深绿，假茎基部绿色，鳞茎粗壮，根系发达，分株能力强，但分株慢，抗病力强，株丛直立，耐低温、高温能力强，品质好，抽薹开花早是突出的特点。

6. 寒青　江苏省南京市地方品种。叶片较长且厚，假茎基部略带红色，叶色绿，耐寒能力强，辛香味浓，品质优良。属于深休眠返青早的品种，适于日光温室和中、小棚生产。

7. 平韭 2 号　河南省平顶山市农业科学研究所育成的新品种。株高 50 厘米以上，叶色鲜绿，质地脆嫩，辛香味浓，营养丰富，品质好，深受消费者欢迎。抗寒，耐热，适应性强，分株能力也较强，保鲜时间长。叶片开张，直立性差，产量较高。具有深休眠习性，适于休眠后扣韭菜生长。

（二）日光温室扣韭菜

1. *覆盖薄膜* 秋天把日光温室的山墙、后墙和后屋面建成（旧温室修补好），前屋面在地面封冻10厘米深时覆盖薄膜。

为了提早覆盖薄膜，可在温室前底脚夹起一排障子遮阴，使温室地面提早封冻，覆盖薄膜时撤除。

2. *覆盖薄膜后管理* 白天透入太阳辐射能，温度升高，夜间覆盖草苫保温，土壤很快化冻，除掉残株，清洁地面，用四齿耙把韭菜垄台扒开，露出韭菜鳞茎，同时检查有无地蛆和蛹，如有时用90%晶体美曲膦酯（敌百虫）1000倍液，或敌敌畏乳油1500倍液喷布。

韭菜开始萌发时，用钉耙把地面搂平，当株高10厘米时开始培土，只培起垄帮，垄台上不培土，株高20厘米进行第二次培土，壅到叶鞘部。

日光温室扣韭菜在辽宁南部地区20世纪30年代已经有了发展，积累了丰富的经验，产量、品质都很可观。当时是玻璃温室，20世纪70年代以来，由于木材和玻璃紧缺，塑料薄膜兴起，温室前屋面改为塑料薄膜覆盖后，仍沿用玻璃温室的管理方法。在韭菜株高15厘米时开始追施尿素或硫酸铵，结合浇水。由于薄膜温室封闭很严，空气湿度大，冬季又很少通风，追肥浇水后，容易导致病害发生。灰霉病严重发生时，品质和产量受到影响，甚至造成重大损失。因而薄膜温室扣韭菜，在灌冻水时要施足肥，灌水量要大，覆盖薄膜后，第一刀韭菜生长期间不追肥也不需要浇水。

冬季日光温室昼夜温差大，即使白天温度较高，韭菜也不容易徒长，但是晴天有时气温超过30℃，则需要通风。超过28℃开始通风，降到25℃以下时缩小通风口或闭风。

在第一刀韭菜收割前2～3天开始追肥浇水，为第二刀韭菜生长打基础，667 平方米追施硫酸铵 50 千克，在露水散尽时撒于沟中，然后灌水。

3. 收割　韭菜第一刀的收割期，与品种、根株强弱、温室性能有密切关系，也受当年气候影响。冬季晴天多，光照充足，生长快，采收期较早，遇到低温寡照年份，收割期难免延迟。另外，还要根据需求确定收割期。

从对韭菜生长有利的角度来看，以五片叶收割最理想，但是市场要求迫切，季节差价大，四叶一心时即可收割。

收割韭菜要在早晨带露水进行，一次割两垄或三垄，从温室后部向前推进，提前磨好韭菜镰刀，从垄台中部下刀，用一块木板，割下 500 克左右为一把，放在木板上把根部找齐，用马蔺靠根部 5 厘米左右捆紧。割完装筐，筐四周衬上 4 层牛皮纸，里边衬上地膜，把韭菜根朝外装入筐中，摆紧包严即可上市。

割完韭菜，用四齿耙把垄台划松，用钉耙把地面搂平，等待出苗。

第二刀韭菜萌发后，由于外温升高，需要注意通风，白天保持 20～25℃，超过 25℃通风，降到 20℃闭风。第二刀韭菜萌发较快，但是叶色黄绿，株高 10 厘米左右时，叶色转绿，开始第一次培垄，并施肥于垄沟，667 平方米追施硫酸铵 50 千克，撒于垄沟，随后灌水。株高超过 20 厘米后进行第二次培垄，根据通风量大小、土壤湿度进行灌水。在韭菜收割前 15 天可喷赤霉素，加快叶片生长。目前市场上出售的赤霉素一般每小袋 1 克，包装袋上注明水溶剂，可兑 50 升水，再加硝酸铵 250 克，可喷 667 平方米韭菜。如果没有标明水溶液，就要用适量的白酒溶解后再对水，水溶性的赤霉素不宜用白酒溶解。据报道，韭菜喷赤霉素比对照增产18%。

日光温室扣韭菜，可以割两刀后把黄瓜苗栽到韭菜垄沟，第三刀韭菜收割后刨除韭根，改为早春茬黄瓜生产。也可以连续收割四刀后拆除温室前屋面，转为露地养根，冬天再扣温室生产。

（三）中棚扣韭菜

1. *外覆盖中棚扣韭菜* 在北纬40°以南地区，有外覆盖保温的中棚，冬季生产韭菜，与日光温室扣韭菜的技术措施基本一致。提前建好骨架，准备好草苫，韭菜进入休眠后覆盖薄膜，夜间覆盖草苫保温，其他管理与日光温室相同。由于昼夜温差较大，韭菜生长缓慢，越是纬度低的地区收割期越早。

2. *普通中棚扣韭菜* 没有外覆盖的中棚生产韭菜，只能在早春进行。入冬前建好中棚骨架，立春至雨水之间覆盖薄膜，棚内冻土化冻较早，表土化冻超过15厘米深，即可铲掉残株，扒开垄台，其管理技术可参照日光温室扣韭菜进行。由于春季外温回升快，棚内光照条件较好，升温快，应加强通风，超过25℃通风，降到20℃闭风，注意防止高温灼伤叶片。中棚的管理和收割都在棚内进行，可连续收割两刀韭菜，再转扣到果菜类生产上。

（四）小拱棚扣韭菜

1. *田间布局* 小拱棚覆盖韭菜，由于棚的面积小又低矮，农事操作不能在棚内进行，早春风大，小拱棚覆盖的薄膜，四周要用土埋紧，防止被风吹开，棚的两侧占地较多，棚与棚不能连起来，需有一定的间隔。所以在田间布局时，应规划成6~8米长、2米宽的小拱棚直播或移栽培养韭菜植株，棚间相隔2米。在扣韭菜阶段，空地便于韭菜管理，收割一二刀韭菜后，撤下小拱棚，转扣到空地上，定植果菜类蔬菜，既省工方便，又可一棚多用，降低生产成本。

2. *扣棚时期* 入冬前插好小拱棚骨架，四周用镐开沟，把沟内的土堆放在棚的外侧，以便于埋四周薄膜。

春天尽量提早覆盖薄膜，一般在雨水至惊蛰之间进行，覆盖薄膜后不通风。

3. *覆盖薄膜后管理* 小拱棚内土壤化冻 10 厘米左右时，选晴天上午，揭开小拱棚薄膜，铲掉韭菜残根，清洁地面后，把垄台划松，然后培垄，培垄时要把土块划碎，垄台要疏松平整，然后再盖上薄膜。因为棚小低矮不便操作，全部揭开薄膜，韭菜突然暴露适应不了外界条件。所以第一刀韭菜收割前，不进行中耕培垄。

小拱棚韭菜萌发前不通风，尽量保持高温，促使提早化冻，解除休眠，萌发后白天超过 30℃通风，降到 20℃左右时闭风。通风后地表见干时灌水，灌水后加强通风。

4. *收割* 小拱棚韭菜达到收获标准时即可收割。收割前一天灌水，收割在早晨进行，揭开小拱棚薄膜，带露水快割快捆把，立即装筐，筐的四周衬上薄膜，装完筐包严，保持低温高湿，韭菜鲜嫩。

收割后划松垄台，搂平地面，重新覆盖薄膜，进行第二刀生产。第二刀韭菜萌发后，中耕培垄、追肥浇水要揭开薄膜进行。

第二节 耐寒绿叶菜类蔬菜栽培

耐寒绿叶菜类蔬菜包括菠菜、油菜、生菜、茼蒿、香菜、茴香等。这些蔬菜都以叶片和叶柄为产品，属于不同的科、种，但对生活条件的要求和栽培技术措施，有很多相同和相似之处。

一、菠菜

菠菜是藜科菠菜属一二年生草本植物，别名波斯菜、赤根菜、角菜等。因耐寒性强，在露地生长期长。北方冬季地上部虽然部分叶片干枯，春天土壤化冻后还能返青，所以一年中菠菜是上市最早、结束最晚的露地栽培蔬菜。过去很少进行保护地栽培，所以冬季、早春处于空白状态，只有少数贮藏菠菜上市，毕竟比不上新收获的产品鲜嫩。20 世纪 60 年代中期以来，随着塑料薄膜的兴起，利用小拱棚覆盖越冬菠菜，不但上市期提早，品质、产量也明显提高。90 年代以来，由于日光温室的迅速发展，菠菜也和多种叶菜类蔬菜一样进行越冬生产，满足了冬季、早春、新年、春节市场的需求。

（一）菠菜品种

菠菜分为尖叶种和圆叶种，各有许多品种。

1. 尖叶种　叶片狭窄，呈戟形或箭形。有的叶片有裂刻，叶面光滑，叶柄细长。耐寒性强，冬季气温-20～-30℃不受冻害，春天照常返青。忍耐高温能力差，高温条件下生长缓慢，抽薹早。

尖叶种菠菜的种子有刺，适于越冬栽培。主要品种有双城菠菜、青岛菠菜、东方碧波、日本超能菠菜。

2. 圆叶种　叶片肥厚，多皱褶，无裂刻。叶片卵圆形、椭圆形或不规则形。叶柄短，耐寒性不如尖叶菠菜，耐热性强，对日照长短反应不敏感，抽薹比尖叶种晚。主要品种有大圆叶菠菜、广东菠菜、绍兴菠菜。

（二）日光温室冬菠菜栽培

1. 整地施基肥　深翻细耙，做成1米宽的软埂畦，整平畦面，撒施农家肥，667平方米5000千克，再翻一遍，使粪土掺和均匀。

2. 播种　选择圆叶菠菜品种，667平方米播种量3000～3500克。撒播，采用滚土播种方法，从地势较低的一侧开始，从畦面起出2厘米的表土，运到地势较高的一侧，堆放于畦外。把起完土的畦面搂平，均匀撒播种子，踩一遍畦面，由第二畦取表土覆盖2厘米厚，再用同样方法播第二畦，由第三畦取土覆盖，一直播到最后一畦，播完种用堆放畦外的土覆盖。滚土播种要土壤含水量适宜，水分过多，不便于操作，土壤过干影响出苗。日光温室土壤水分不足时，可在播种前两天泼水造墒。

播种覆土要均匀，覆完土用耙搂平畦面，在表土见干时踩一遍畦面。播种期根据当地市场需要进行，一般在9月下旬至10月下旬。

沙壤土底墒不足时，可以打底水播种，方法是先由畦中取出2厘米厚的表土，堆放畦外，搂平畦面，灌水，水渗下后撒播种子，然后覆土。因打底水播种，覆土后不便于搂平，所以覆土要细致均匀，以防出苗不整齐。

3. 播种后管理　菠菜播种时，日光温室尚未覆盖薄膜，在露地条件下，气候对菠菜的发芽出土和幼苗期生长是适宜的。覆盖薄膜时期的确定非常重要。菠菜植株生长的适宜温度是15～20℃，最适宜叶丛生长温度是17～20℃，所以当白天气温低于15℃时就应覆盖薄膜。

覆盖薄膜后要防止高温，因为超过25℃生长不良。据试验，菠菜营养生长期，苗端分化叶原基的速度在日均气温23℃以下时，随温度的下降而缓慢，与日照长短没有明显关系，超过25℃则下降，高温能限制叶面积的扩大。所以覆盖薄膜以后要大通风，白天控制在20～23℃，夜间10℃左右。随着外温的下降，逐渐缩短通风时间，减少通风量。当夜间温度降到10℃以下时覆盖草苫。初期要早揭晚盖，室内气温降到10～12℃再放下草苫，早晨太阳出来后卷起。

菠菜虽然耐寒性很强，但是在适宜的温度条件下，突然降到0℃以下，即使不致遭受冻害，对生长也有影响，所以仍需要注意保温。

为了提高商品质量，在两片真叶展开时要进行间苗，使植株间距均匀、大小一致。菠菜根系发达，吸水能力强，不旱不需要浇水，在覆盖薄膜前2～3天浇1次水，覆盖薄膜后一般不再浇水。叶丛旺盛生长时，追1次氮肥，667平方米追施硝酸铵30千克，在接近中午叶片上露水消失后撒在畦面，用新笤帚扫净逐畦灌水。收获前2～3天再灌1次水。

（三）大、中棚菠菜栽培

1. 播种　选用尖叶菠菜品种，667 平方米播种量 5 千克。

大、中棚上茬的秋黄瓜、秋甜瓜、秋西瓜，到 9 月下旬，把下部老叶片摘除，开始播种菠菜。上茬是畦作的，直接往畦面上播，垄作的把垄台尽量留成窄埂，行间整平，做成 1 米宽的畦。采用铲土拌种法，把菠菜种子均匀撒在畦面上，用小手锄铲畦面，把种子拌入土中。

2. 播种后的管理　由于播种时大、中棚内土壤水分充足，不用浇水即可出苗，出苗后两片真叶展开时浇 1 次水，以后不旱不浇水。棚内接近出现霜冻时，上茬作物拔秧，清出棚外，把薄膜破损处粘补好，或换上新薄膜。封闭要严，不换新薄膜的大棚，要从门口处用薄膜封严。冬季菠菜在棚内虽然进入休眠，但是叶片始终保持绿色，没有干叶和枯干的叶缘。春天棚内土壤提前化冻，菠菜开始生长，立即追肥灌水，667 平方米追施硫酸铵 50 千克，结合灌水，加强通风，棚内气温超过 25℃ 通风，降到 20℃ 闭风，连续灌 2～3 次水，菠菜即可达到收获标准，收获后倒地定植果菜类蔬菜。

（四）小拱棚菠菜栽培

1. 整地施基肥　白露过后（根据地理纬度，北纬 40°以北白露为适期，以南地区适当延迟），整地做畦，畦宽 1 米，长 6～8 米，做成软埂畦，畦埂宽不超过 20 厘米，高 10～13 厘米，整平畦面，撒施农家肥，667 平方米 5000 千克，翻 20 厘米深，划碎土块，将粪土掺和均匀，搂平畦面，即可播种。

2. 播种　选用耐寒性强的尖叶品种，667 平方米播种量 5～6 千克。

播种可采用撒播和条播两种方法。撒播方法同日光温室的滚土播种，土壤水分不足时，提前 1～2 天泼水造墒。条播是在畦面上开

5条浅沟，把种子撒在沟中，踩一遍沟底，用耙搂平畦面。

不论撒播、条播，覆土厚度1.5～2厘米，表土见干时踩一遍畦面保墒。

3. 播种后越冬前管理　土壤水分适宜，出苗前不需要浇水，沙壤土水分不足时可浇1次，将出苗时，用钉耙浅划畦面，防止板结。出苗后长出2～3片真叶时，进行1次间苗，把密集的苗疏开，保持苗间距离。间苗时拔掉瘦弱的幼苗，结合追肥灌水，667平方米追施三元复合肥10～15千克，以后不再追肥浇水。

土地封冻前灌冻水，灌冻水的时期很重要，灌早了效果差，晚了地面封冻无法进行。应在夜间地表结冻，接近中午化冻时进行，灌冻水时每667平方米结合施粪尿1000～1500千克效果更好。

冬季降雪后要清除积雪，特别是早春返青前大量积雪融化，畦面结冰和积水容易闷死幼苗。

为了春季菠菜提早返青，在田间按20～30米夹大风障，是普遍采取的措施。北方冬季雪多，有时下雪，强劲的北风将雪吹落在风障前，靠近风障的一定距离，积雪甚至达到风障高，清除积雪极为困难。沈阳市郊区改为早春夹风障，入冬前挖好障沟，把浮土堆放在沟北侧，早春清除积雪再夹风障。

4. 返青后管理　在入冬前插上小拱棚拱架，春天雨水前后扣上小拱棚薄膜。覆盖薄膜前用硬竹笤帚扫掉干叶，把薄膜四周埋入土中压严，防止被风吹开。

覆盖薄膜以后，初期不需要通风，虽然中午温度很高，由于土壤尚未化冻，加上覆盖的普通薄膜内表面布满水滴，不会烤伤叶片，昼夜温差很大，返青后也不会徒长。

小拱棚覆盖菠菜，一般是在露地菠菜返青前25天左右扣棚。虽然外界气温较低，但是棚内土壤化冻快，返青早。当心叶开始生长时，选晴天上午浇返青水，水量要比露地少，浇水后要加强通风。

白天棚内气温超过25℃通风，下午降到20℃左右闭风。

叶丛开始迅速生长时追肥，667平方米追施硫酸铵20千克，溶于水中，随水灌入畦内。追肥后过4～5天再灌1次水，就可收割上市，撤下小拱棚。

二、油菜

油菜是十字花科的速生绿叶菜类蔬菜。南方栽培最普遍，其栽培面积之大，供应期之长，消费的普遍类似北方的大白菜。南方叫青菜，北方叫油菜。因为耐寒性强，长江流域冬季在露天虽然停止生长，却不受冻害，可随时收获。

北方栽培虽不普遍，近年来由于保护地温室大棚栽培的发展，冬季、早春、新年、春节，在大中城市也深受广大消费者欢迎。

（一）油菜品种

油菜叶柄有青色和白色之分，称为青帮油菜和白帮油菜，各有许多品种。

1. 青帮油菜　植株直立，高30～35厘米，叶片抱合成筒状束腰，基部和顶部稍大，排列松散。全株约20片叶，叶片正面浓绿，背面绿色，叶近圆形，全缘无缺刻，稍有光泽，叶柄肥厚。

青帮油菜产量高，品质较好，耐寒性强，播种后40～60天收获。代表品种有上海四月蔓、上海五月蔓、油冬儿、天津青帮、青岛青帮。

2. 白帮油菜　株高35～40厘米，叶片椭圆或卵形，叶正面浅绿色，背面灰绿色。生长期比青帮油菜短，抗寒性不如青帮油菜。主要品种有南京矮脚黄、济南白帮、杭州白帮、箭杆白等。

（三）油菜栽培

油菜可直播也可育苗移栽。

1. 育苗移栽　育苗期25～30天，根据不同设施茬口的定植期，提前进行育苗。大、中、小棚栽培需要在温室育苗。

育苗畦宽1.2～1.5米。为了便于管理，常由温室靠后墙通路至前底脚做成硬埂畦。整平畦面，撒施农家肥按畦面每平方米施10千克，翻10厘米深，划碎土块搂平踩实。浇透水，水渗下后用细土找平畦面，每平方米撒播种子15克左右，撒种要均匀，打底水后畦面比较光滑，撒落在畦面上的种子容易滚动归堆，需要先在畦面上薄薄撒一层细土，才能使种子落地后不滚动，保证分布均匀。

撒种后覆土1厘米厚，为了出苗整齐，覆土不产生硬盖，可用疏松田土和农家肥各50%拌均匀后覆盖。另外，播种水浇足，出苗前不要浇水。

出苗前白天保持20～25℃，夜间15℃左右；出苗后白天15～20℃，夜间10℃左右。第一片真叶展开时间苗，把密集的苗疏开，使苗间距离为3厘米左右。间完苗喷水，在露水散尽时，薄薄撒一层土保墒，保持地面不潮湿，可避免发生病害。定植前5～7天低温炼苗。

定植：做1米宽软埂畦，按667平方米施农家肥5000千克，撒施于畦面，翻耙后开五条浅沟栽苗，株距10厘米，667平方米栽苗3.3万株，栽完苗逐畦浇水。

管理：缓苗期间白天保持25℃，夜间10℃以上；缓苗后白天20～25℃，夜间5～10℃。

缓苗10天左右开始追肥浇水，667平方米追施硫酸铵15～20千克，结合浇水，以后只浇水不需追肥。

2. 直播栽培　做畦施基肥方法与移栽畦相同，开五条沟条播，也可撒播，播种方法与菠菜相同，不同处是覆土厚度不能超过1

厘米。

播种后的管理与育苗相同。第一至第二片真叶时间苗，保持苗距3厘米左右，第四片真叶展开时进行第二次间苗，保持株间距离为8厘米，间下来的苗可作为商品出售。667平方米保苗4万株左右，撒播的按株间距离10厘米，667平方米保苗5万株左右。

生长期间追1次肥，浇水3~4次，与移栽油菜浇水追肥基本相同。

第三节 病虫害防治

一、病害防治

（一）芹菜斑枯病

芹菜斑枯病又叫晚疫病，俗称“火龙”。各地普遍发生，尤以保护地发病较重。

斑枯病主要危害叶片和叶柄，也能危害茎部。叶片发病，有大病斑和小病斑两种类型。早期症状相似，开始出现淡褐色油渍状小斑点，逐渐扩大后中部褐色坏死。后期症状容易区别：大斑型症状病斑大小不等，3~10毫米，多散生，边缘深红褐色且明显，中部褐色，散生少量小黑点；小斑型病斑很少超过3毫米，常数斑连片，病斑边缘明显且呈黄褐色，中部黄白色至灰白色，边缘聚生许多小黑点，病斑外缘常有一圈黄色晕环。叶柄和茎部发病，病斑褐色，梭形凹陷，散生小粒点。

【病原菌】为芹菜生壳针孢菌，属半知菌亚门真菌。

病菌以菌丝体潜伏在种皮内或病残体、病株上越冬。条件适宜时产生分生孢子，借气流、灌溉水、农具和田间农事作业传播。分生孢子遇水滴萌发产生芽管，从气孔或直接穿透表皮侵入。发病后病斑上产生分生孢子传播侵染，病害潜伏期仅 8 天左右。

病菌喜冷凉、高湿条件，适宜温度为 20 ~ 25℃，相对湿度 100%，叶片结露重时病害严重，芹菜长势弱，抗病力低病情严重。

【防治方法】使用二年的种子，因病菌在种子上只能存活一年．使用新种子要消毒，用 48℃温水浸泡 30 分钟，边浸边搅，然后放入冷水中冷却。实行两年轮作，降低空气湿度，减少叶片结露时间。

一旦发病，摘除病叶，立即喷药。药剂可用 75% 百菌清可湿性粉剂 600 倍液，或 50% 扑海因可湿性粉剂 1500 倍液，或 64% 杀毒矾可湿性粉剂 500 倍液，或 50% 琥胶肥酸铜可湿性粉剂 500 倍液，或 80% 大生可湿性粉剂 600 ~ 800 倍液，或 70% 代森锰锌可湿性粉剂 500 倍液喷布，也可用 5% 百菌清粉尘剂喷撒。

（二）芹菜斑点病

又叫早疫病，各地普遍发生，是保护地芹菜上的重要病害。

斑点病主要发生在叶片和叶柄上，叶片发病，开始出现水渍状黄绿色小斑点，逐渐扩展成为圆形或不规则形病斑，4 ~ 10 毫米大小，灰褐色，边缘稍深且不明显，稍隆起。湿度大时病斑上出现灰色霉层，严重时病斑连片，叶片干枯。叶柄发病产生梭状或条状病斑，灰褐色，稍凹陷，湿度大时出现灰白色霉层，严重时叶柄折断。

【病原菌】为芹菜尾孢菌，属半知菌亚门真菌。

主要以菌丝块随病残体在土壤中越冬，菌丝也能潜伏在种子内越冬。病菌喜高温、高湿条件，分生孢子有水滴发芽和产生芽管侵染。棚室栽培芹菜，由于昼夜温差大，结露时间长容易发病。另外，植株长势弱也容易发病。

【防治方法】选用无病种子，用48℃温水浸种30分钟。加强通风，控制空气湿度。

发病初期可用50%多菌灵可湿性粉剂500倍液，或50%扑海因可湿性粉剂1500倍液，或70%代森锰锌可湿性粉剂500倍液，或77%可杀得可湿性微粒剂500倍液，或80%大生可湿性粉剂800～1000倍液喷布，也可用5%百菌清粉尘剂，667平方米1000克喷粉。

（三）韭菜灰霉病

在日光温室冬季韭菜生产中发生普遍，危害严重。

灰霉病主要危害叶片，有两种类型：一种是白点型，开始在叶片上散生白色至灰白色的椭圆形或梭形小斑点，潮湿时，病斑表面产生稀疏的灰色霉层，严重时病斑连成大片枯死斑甚至扩展到半叶或全叶，潮湿时枯叶表面密生灰色霉层，发黏并有霉味；另一种是湿腐型，从叶尖、叶鞘开始变黄褐色，迅速扩展到半叶或全叶腐烂。

【病原菌】为葱鳞葡萄孢菌，属半知菌亚门真菌。

病菌以菌丝体、分生孢子和菌核随病残体在地表越冬，以菌核在土壤中越冬为主。条件适宜时菌核和菌丝产生分生孢子，通过气流、灌水传播，分生孢子发芽后由伤口或直接穿透种皮侵入。

病菌喜低温、高湿和弱光，生长温度界限为2～30℃，9～15℃易发病，20℃左右病势发展迅速，空气相对湿度75%开始发病，相对湿度90%以上发病极盛。日光温室第一刀韭菜，因通风少最容易发病，特别是生长期间连施氮肥后浇水量大更加重发病。

【防治方法】选用抗病品种，培养健壮植株。露地养根灌冻水时增施农家肥，灌水量要大。覆盖薄膜后，第一刀韭菜生长期间不浇水，不追肥，在第一刀韭菜收割前 2～3 天追肥浇水。加强日光温室管理，尽量缩小昼夜温差。

发病初期及时用药剂防治，可喷布 50% 多菌灵可湿性粉剂 500 倍液，或 50% 速克灵可湿性粉剂 1000～1500 倍液，或 50% 扑海因可湿性粉剂 1000～4000 倍液，或 50% 农利灵可湿性粉剂 1000 倍液，或 30% 克霉灵可湿性粉剂 800 倍液，或 68% 倍得利可湿性粉剂600～800 倍液，或 50% 多霉灵可湿性粉剂 1000 倍液，或 65% 甲霜灵可湿性粉剂 1000～1500 倍液喷布，还可用沈阳农业大学烟剂 2 号或灰霉净烟剂，667 平方米 350～400 克熏烟。

（四）韭菜疫病

各地都有发生，不但露地韭菜发病严重，保护地韭菜近年疫病也有发生，并且有逐年加重的趋势。

韭菜植株地上地下部各部位均可发病，尤以假茎和鳞茎最重。叶片发病，开始出现暗绿色水渍状病斑，病斑扩展迅速，当叶片一半发病时，病部失水缢缩变细，叶片变黄，凋萎下垂，软腐，叶鞘容易脱落，湿度大时，病部长出稀疏白色霉层。鳞茎发病，茎盘部出现水渍状，浅褐色至深褐色，易腐烂。根部发病，呈褐色腐烂，根毛减少，植株停止生长或枯死。

【病原菌】为烟草疫霉，属鞭毛菌亚门真菌。

病菌以菌丝体和厚垣孢子在病株地下部越冬，也可以厚垣孢子在土壤中越冬，条件适宜越冬病菌产生分生孢子囊侵染引起发病。发病后病部产生的孢子囊，靠风雨、灌溉水、棚膜滴水传播，引起再侵染。病害一旦发生，发展迅速，条件适宜时，短时间全田毁灭。

病菌喜高温、高湿条件。病菌发育适温为 25～32℃，孢子囊产生和萌发均需 90% 以上的相对湿度，并有水滴。露地养根期间，遇多雨或雨量大时发病严重。日光温室和塑料棚扣韭菜，在高湿温暖条件下，也容易发生疫病。

【防治方法】在露地养根期间，夏季降水后及时排除积水。植株旺盛生长时要防止倒伏，及时从叶鞘上部留 8～10 厘米割掉叶梢，运出田外。采用垄作以利排水。加强肥水管理，培养壮株。

发现疫病及时用药剂防治，药剂可选用 25% 甲霜灵可湿性粉剂 750 倍液，或 58% 甲霜锰锌可湿性粉剂 500 倍液，或 40% 乙磷铝可湿性粉剂 500 倍液，或 64% 杀毒矾可湿性粉剂 400 倍液，或 80% 大生可湿性粉剂 600 倍液，或 77% 可杀得可湿性微粒粉剂 500 倍液，或 10% 高效杀菌宝水剂 200～300 倍液，或 72% 克霜氰可湿性粉剂 600 倍液，或 72.2% 普利克水剂 800～1000 倍液喷布，也可用硫酸铜 500～1000 倍液，25% 甲霜灵可湿性粉剂 1000 倍液灌根。

（五）韭菜锈病

各地均有发生，有的年份发病较重，发病严重时叶片布满锈斑，不能食用。

锈病主要危害叶片。最初在表皮上产生黄色小斑点，逐渐扩大成椭圆形或纺锤形隆起的病斑，即夏孢子堆。病斑周围具有黄色晕环，以后病斑破裂，散出橘红色粉末。叶片两面均可发病，病情严重时，病斑密布整个叶片，失掉食用价值。

【病原菌】为葱柄锈菌，属担子菌亚门真菌。

病菌以卵孢子随病残体在土壤中越冬。第二年侵染韭菜后病部产生夏孢子，借气流传播，夏孢子萌发后从气孔或直接穿透表皮侵入，经 10 天左右潜伏期发病，又产生夏孢子，进行再侵染，使病势迅速发展。

病菌孢子萌发、侵入适温为 10～22℃，并需 85% 以上的相对湿度。在棚室栽培韭菜，由于灌水多，空气湿度大，容易发病。栽培密度过大，偏施氮肥，管理粗放，生长不良发病严重。

【防治方法】重病地应停止栽培韭菜，改为茄果类或瓜类生产。施足农家肥，不偏施氮肥，增施磷、钾肥。合理密植，及时除草，适度灌水，控制湿度。

发病初期及时用药剂防治，药剂可选用25%粉锈宁可湿性粉剂1500～2000倍液，或20%粉锈宁乳油2000倍液，或95%敌锈钠原粉300倍液，或50%萎锈灵乳油700～800倍液，或25%敌力脱乳油3000倍液，或二硝散可湿性粉剂200倍液，或45%微粒硫黄胶悬剂400倍液喷布。

此外，用沈阳农业大学的烟剂6号，每667平方米400克熏烟，效果也较好。

（六）生菜霜霉病

发生最普遍的病害，严重时叶片枯黄，损失很大。

从幼苗到成株均可发病，以成株期发病最重。主要危害叶片，先在下部或叶球外叶上发病，产生淡黄色，周缘不明显的病斑，扩展后受叶脉限制呈多角形。湿度大时，叶背面出现白色霜霉状霉层。后期病斑变为黄褐色，叶片上病斑相互连接成片，叶片枯死。

【病原菌】为莴苣盘梗霉，属鞭毛菌亚门真菌。除侵染生菜外，还可侵染其他菊科植物。

病菌以菌丝体在冬季棚室内生产的病株组织内越冬，也可以卵孢子随病残体在土壤中越冬。第二年产生孢子囊，借气流、灌水传播。孢子囊产生游动孢子，萌发芽管，从气孔侵入，也可直接穿透表皮侵入。菌丝在寄主细胞间隙蔓延，产生球状吸器伸入细胞内吸收养料，并在菌丝上产生孢子囊从气孔伸出。孢子囊成熟后脱落传播出去，进行再侵染，反复进行。

病菌喜较低温度和较高湿度，1～19℃范围内菌丝均可发育，6～10℃是孢子囊萌发适温，侵染适温15～17℃。棚室内湿度高容易发病，通风不良，灌水多，通风排湿不及时，偏施氮肥都容易发病。

【防治方法】增施农家肥，加强管理，调节好空气湿度，减少露水凝结时间。

发现病害及时用药防治，药剂可选用25%甲霜灵可湿性粉剂1000倍液，或80%大生可湿性粉剂1000倍液，或75%百菌清可湿性粉剂600倍液，或72%克霜氰可湿性粉剂700倍液，或72.2%普力克水剂800倍液，或64%杀毒矾可湿性粉剂500倍液，或70%代森锰锌可湿性粉剂500倍液喷布，也可用5%百菌清粉尘剂喷撒，667平方米喷药量1000克。

（七）生菜褐斑病

又叫叶斑病，是常见的病害，各地保护地生菜上均有发生，严重时叶片干枯。

褐斑病一般只危害叶片，发病后在叶片上出现水渍状褪绿斑点。后逐渐扩展成为大小不等的圆形或不规则形褐色至暗褐色病斑。湿度大时病斑两面都出现暗灰色霉状物。严重时病斑连片，叶片变褐干枯。

【病原菌】为莴苣褐斑尾孢霉，属半知菌亚门真菌。

病菌以菌丝体和分生孢子丛，在病残体上越冬。第二年产生分生孢子，借风雨、棚膜水滴及灌水溅到叶片上引起发病。发病后，病部产生的分生孢子借气流、棚膜水滴及农事操作传播，进行再侵染。

病菌喜温、湿条件，22～25℃为发病适温，要求90%以上的相对湿度，叶面有水滴存在有利于孢子萌发侵入。栽培密度过大，大水漫灌，偏施氮肥，长势过旺或脱肥早衰，均会发病严重。

【防治方法】进行两年轮作，合理密植，增施农家肥，调节好温、湿度，使植株生长健壮，增强抵抗力。

发现病害时及时用药剂防治，药剂可选用75%百菌清可湿性粉剂1000倍液，或65%代森锌可湿性粉剂500倍液，或50%扑海因可湿性粉剂 1500 倍液，或 60% 多福可湿性粉剂 1000 倍液，或 68% 倍得利可湿性粉剂 800 倍液喷布。

(八) 生菜软磨病

在保护地结球生菜上发病较重，各地均有发生。

主要危害叶片、茎，根部也可受害。叶片发病，多从叶缘先发病，初呈水渍状，后变软腐，叶片腐烂。在干燥条件下，腐烂的病叶失水后呈薄纸状，湿度大时整个叶片甚至叶球全部腐烂。病菌从茎基部或叶柄处侵入，全株萎蔫，病部渗出黏液，散发臭味。

【病原菌】为胡萝卜软腐欧氏杆菌，属细菌，可侵染多种蔬菜。

可遗留在田间植物病残体上越冬，也可随寄主越冬，或混入粪肥中越冬。病菌借雨水、灌溉水、带菌粪肥、昆虫传播，从伤口侵入，机械损伤、虫伤都是入侵途径。田间有病菌存在，条件适宜就会发病，迅速扩展。

在 2 ~40℃范围内都可发病，高温、多湿情况下发病严重，扩展也快。遭受虫害，施肥烧根均会引起发病，大水漫灌，病情更容易加重。

【防治方法】尽量避免重茬，最好不与芹菜、油菜接茬。施农家肥要腐熟。避免田间忽干忽湿。

发现病害及时用药剂防治，药剂可用农用链霉素 150 毫克/千克，或新植霉素 200 毫克/千克，或 14% 络氨铜水剂 300 ~350 倍液，或 77% 可杀得可湿性微粒剂 500 倍液，或 47% 加瑞农可湿性粉剂 800 倍液，或 60% 百菌通可湿性粉剂 500 倍液喷布。

(九) 油菜黑斑病

各地普遍发生，主要危害叶片、叶柄。叶片发病，产生 2 ~4 毫米的圆形病斑，病斑褐色或深褐色，中间常有同心轮纹，周缘常有黄色晕圈。叶柄上病斑纵条状，暗褐色，潮湿时，发病部位均可产生黑色霉状物。叶片发病严重时，病斑连片，叶片枯死。

【病原菌】为芸苔链格孢，属半知菌亚门真菌。除油菜外，还可侵染多种十字花科蔬菜。

病菌以菌丝体在病残体或种子上越冬，第二年产生分生孢子侵染引起发病。发病部位产生分生孢子借风雨传播，分生孢子萌发产生芽管从气孔或直接穿透表皮侵入，进行再侵染，潜伏期17天左右。

病菌分生孢子萌发适温为17～20℃，最适温度17℃，在高湿、温度偏低时容易发病。管理粗放，肥水不足，长势衰弱发病较重。

【防治方法】使用无病种子，或用50℃温水浸种25分钟，也可用种子重量0.4%的70%代森锰锌可湿性粉剂拌种。进行两年轮作，施足农家肥，增施磷、钾肥，科学灌水，控制湿度。

发现病害及时用药剂防治，药剂可用75%百菌清可湿性粉剂500倍液，或50%扑海因可湿性粉剂1500倍液，或40%克菌丹可湿性粉剂400倍液，或64%杀毒矾可湿性粉剂500倍液，或40%用得可湿性粉剂400倍液，或2%农抗120水剂200倍液喷布。

（十）油菜白斑病

各地均有发生，近年有加重趋势。

白斑病主要危害叶片。发病后，开始叶面上产生灰褐色圆形斑点，扩展后成为圆形、近圆形、卵圆形病斑。病斑5～10毫米，浅灰色至灰白色，斑上隐约可见轮纹，边缘有时可见污绿色晕圈或呈湿润状，潮湿时病斑背面生有稀疏的淡灰色霉状物。发病严重时叶片布满病斑，或连片形成不规则大斑，使叶片干枯。

【病原菌】为白斑小尾孢菌，属半知菌亚门真菌。

病菌以菌丝体、菌丝块随病残体在地面越冬，病叶深埋后病菌很快死亡，分生孢子也可附着在种子表面越冬。带菌种子可使幼苗发病，土壤的病菌产生分生孢子，借雨水、灌溉水传播。

病菌在 5～28℃范围内均可发病，以 11～23℃为最适宜，适宜相对湿度 60%以上。在棚室栽培，昼夜温差大，凝结露水多，通风排湿不及时，病害加重。

【防治方法】使用无病种子，或用 50℃温水浸种 20 分钟，或用种子重量 0.4%的 50%福美双可湿性粉剂拌种。实行 2～3 年轮作，施足农家肥，不偏施氮肥。加强管理，控制好温、湿度。

发现病害及时用药剂防治，药剂可用 50%托布津可湿性粉剂 500 倍液，或 75%百菌清可湿性粉剂 600 倍液，或 70%代森锰锌可湿性粉剂 500 倍液，或 80%大生可湿性粉剂 800 倍液，或 50%混杀硫悬浮剂 600 倍液喷布。

二、虫害防治

（一）韭蛆

又称迟眼蕈蚊，属双翅目尖眼蕈蚊科，是韭菜根部重要害虫。在国内各蔬菜区、花房、花盆内都有发生，危害韭菜较重，寄主植物种类很多，有韭菜、大葱、大蒜、圆葱、芹菜及多种花卉。

对韭菜的危害，以幼虫群集在韭菜地下鳞茎和茎盘部，造成腐烂。韭菜被害后轻者韭叶枯黄，严重时整墩韭菜枯死。

【害虫特征】迟眼蕈蚊成虫为小型蚊子，体长 2～5.5 毫米，黑褐色。触角丝状，16 节，前翅前缘及亚前缘脉较粗，足细长褐色。腹部细长 8～9 节，雄蚊腹部末端具有一对铗状抱握器。幼虫体细长，6～7 毫米，头黑色有光泽，体白色无足。卵长椭圆形，白色，幼虫体长 8～9 毫米。蛹为裸蛹，体长 7～8 毫米，长椭圆形，初期黄白色，羽化前灰白色。

韭蛆在山东省济南地区一年发生 4～5 代，在北京市室内饲养可超过10代。

迟眼蕈蚊以幼虫或蛹在韭墩及其周围土中越冬，但无滞育特性。早春韭菜萌发即开始活动，利用棚室扣韭菜，韭蛆活动随之提早。在3月下旬至4月上旬出现成虫，集中在韭菜墩附近飞舞，在土缝里产卵。卵数粒至十余粒集中在韭菜根际，也有分散的，卵期约1周。幼虫在鳞茎部为害，并能向上钻到土中柔嫩假茎部为害，致使叶片断落。

幼虫喜湿怕干，在土壤湿润时，幼虫可在韭根附近活动，转移为害，幼虫期可达10~15天。老熟幼虫将化蛹时，爬离韭根，在附近土里化蛹，少数在鳞茎里化蛹，蛹期1周。羽化后成虫钻出地面，在地上活动。春秋两季是韭蛆为害盛期，冬季在温室中为害的韭蛆是在养根期间遗留的幼虫和蛹。

【防治方法】春秋成虫盛发期，喷布40%乐果乳油1000~1500倍液，或50%敌敌畏乳油2000倍液。

在幼虫为害期，可用40%乐果乳油1000倍液，或90%晶体美曲膦酯（敌百虫）1000倍液，或50%辛硫磷乳油1000倍液灌根。灌根时最好先把韭菜墩附近的土扒开，用压缩喷雾器卸下喷头喷灌，然后盖土，效果好且省药。

（二）菠菜潜叶蝇

属双翅目花蝇科害虫，我国南北均有分布。

菠菜潜叶蝇主要危害藜科、蓼科植物，除危害菠菜外，还危害甜菜。以幼虫为害，幼虫潜入叶片内，食害叶肉留下表皮，形成块状隧道，并在隧道内残留很多虫粪，对菠菜的食用价值影响很大。

【害虫特征】成虫体长5~6毫米，雄虫复眼间距很窄，但不接触。胸部背面灰黄色而稍带绿色，腹部灰黄色至灰褐色。足的颜色个体间变异很大，通常跗节黑色，胫节黄色，腿节黄色至红褐色。雌虫复眼间距约占头宽1/3，胸部颜色显著地比雄虫浅，且带灰色，足的颜色也比雄虫浅。卵长椭圆形，长约 0.87 毫米，白色，表面有不正的六角形刻纹。幼虫蛆形，前细后粗。老熟幼虫长约 7.5 毫米，初孵时透明，老熟后污黄色，腹部末端有 7 对肉质突起。蛹为围蛹，椭圆形，长约 5 毫米，红褐色。

菠菜潜叶蝇在华北一年发生 3～4 代，以蛹在土里越冬。成虫性活泼，卵产在菠菜叶背面，通常 4～5 粒散产呈扇形排列，每头雌虫产卵 40～100 粒，卵期 2～6 天。幼虫孵化出来到钻进叶肉约需 1 天时间，这一特性有利于用药剂防治。

幼虫也能以腐烂的有机质或粪肥为食，并能完成发育。幼虫共 3 龄，幼虫期约为 10 天。非越冬幼虫老熟后，一部分在寄主体内化蛹，另一部分从叶内脱出入土化蛹，蛹期 15～21 天，入土化蛹的深度 5 厘米左右。

菠菜潜叶蝇在一年中的数量高峰在春季第一代，夏季高温、干旱对潜叶蝇发育不利。

【防治方法】清除杂草，减少虫源。利用成虫飞翔习性，用3%糖液加少量美曲膦酯（敌百虫）诱杀。成虫盛期后2～3天喷药防治，药剂可选用40%乐果乳油1500倍液，或10%二氯苯醚、50%马拉硫磷乳油1500倍液，或50%辛硫磷乳油1000倍液，或21%灭杀毙乳油800倍液，或2.5%溴氰菊酯乳油3000倍液，或20%氰戊菊酯乳油3000倍液，或10%菊·马乳油1500倍液，或25%喹硫磷乳油1000倍液，或90%晶体美曲膦酯（敌百虫）1000倍液喷布。

菠菜的叶片是食用部分，所以必须及早防治成虫，以免产卵后孵化幼虫为害。

第五章

温室大棚豆类蔬菜优质高产栽培技术

第一节 菜豆、豇豆

一、菜豆、豇豆品种

(一) 菜豆品种

适合日光温室及塑料大棚栽培的蔓生菜豆品种主要有：芸丰623、丰收1号、九粒白、锦州双季豆、851-923、特嫩1号、特嫩4号、特嫩5号、春丰5号、851、83-A、83-B、冠军架豆等；适合春早熟栽培的矮生菜豆品种主要有：法国芸豆、优胜者菜豆、美国供给者、冀芸2号、火烧云、沙克沙、济南黑粒、丰裕菜豆等。

1. 芸丰623　大连市农业科学研究所由九粒白与花皮脸杂交育成。植株蔓生，主蔓2~3节着生第一花序，分枝力中等，花白色，荚绿白色，品质好，产量高，平均荚长22.8厘米，宽1.4厘米，厚1.5厘米，单荚重16.7克。该品种早熟、耐旱、耐低温、耐瘠薄，高抗缩顶病毒病，中抗炭疽病和锈病，适宜棚室栽培。

2. 丰收1号　20世纪60年代由泰国引进。植株蔓生，生长势强，主蔓高达2~3米，分枝性中等，主蔓第四节着生第一花序，花白色，荚浅绿色，稍扁，荚面略凹凸不平，荚长18~23厘米，宽1.5~1.8厘米，单荚重15~22克。该品种早熟、耐热性强，较抗病，适宜棚室秋延后、秋冬茬栽培。

3. 九粒白　河南亦称“山东老来少”，山东地方品种。植株蔓生，蔓长2.5～3米，第一花序着生在5～6节。成荚乳白色，肉厚，纤维少，不易老化，品质好，荚长20～25厘米，宽1.2～1.4厘米，厚0.55～0.75厘米，单荚重10～14克。该品种早熟、抗病、耐热，适宜大棚早春栽培。

4. 冠军架豆　又称架豆王。蔓生，植株强壮，分枝力强，花白色，荚为绿色，肉质鲜嫩，肥厚，无纤维，品质好，荚长43厘米左右，该品种抗病、耐热、耐低温，适宜棚室栽培。

5. 锦州双季豆　辽宁锦州地方品种。蔓生，主蔓长2～3米，第一花序着生在第三节，荚绿色，扁圆形，长16～18厘米，宽1.3厘米左右，单荚重10克左右。该品种早熟、耐热，适宜棚室早春和秋延后栽培。

6. 特嫩5号　大连市农业科学研究所通过杂交育成，为无筋品种。嫩荚白绿色，荚长17～18厘米，品质好，产量高，市场性好，适宜棚室提早或延后栽培。

7. 法国芸豆　由中国农科院蔬菜花卉研究所从法国引进的软荚种菜豆。植株高30～40厘米，分生侧枝多，花浅紫色，结荚多而集中，嫩荚浅绿色，圆棍形，肉厚，品质及风味均佳，荚长13～17厘米。该品种早熟、抗病虫害。

8. 火烧云　辽宁省辽阳地方品种。株高35～40厘米，花紫色，嫩荚浅绿色，有浅红花纹，镰刀形，纤维少，品质好，荚长13～15厘米，早熟。

9. 美国供给者　中国农科院蔬菜花卉研究所从美国引进的矮生菜豆。株高40厘米左右，分枝5～7个，花浅绿色，第一花序着生在第五节。嫩荚青绿色，圆棍形，肉厚，质脆，纤维少，品质佳，荚长14～16厘米。该品种早熟，耐寒性及抗病性较强。

10. 冀芸2号　河北省农业科学院蔬菜研究所用沙克沙与5-6-1白杂交选育而成。株高33～40厘米，有5～7个分枝，花白色，嫩荚绿色，扁圆形，无纤维，品质好，荚长15～18厘米，单荚重10～12克。该品种早熟、抗病，适应性较强。

由于菜豆的品种较多，这里不再一一介绍。蔓生菜豆667平方米播种量5～6千克，矮生菜豆播种量7～8千克。

（二）豇豆品种

1. 上海33-47　上海市农业科学院园艺研究所培育而成的品种。蔓生，蔓长2.3～2.5米，第一花序着生在主蔓的第五节，叶色深绿、株型紧凑。嫩荚淡绿色，纤维少，不易老化，肉厚，荚长60～70厘米，横径1.1～1.2厘米。该品种早熟，高抗病毒病，适宜棚室早春和晚秋栽培。

2. 之豇28-2　浙江省农业科学院园艺研究所通过杂交选育而成。蔓生，蔓长2.5米以上，主蔓结荚，分枝较弱，第一花序着生于4～5节，花淡紫色。荚绿色，质嫩，肉厚，品质好，荚长60～70厘米，横径0.9厘米，单荚重20～30克。该品种抗花叶病毒，对日照要求不严格，适宜全国大多数地区种植。

3. 十八粒　辽宁省地方品种。蔓生，生长势强，花深红色，嫩荚深绿色，细线形，肉质脆嫩，细密，无纤维，品质好，荚长60～70厘米。该品种中早熟，抗褐斑病。

4. 湘豇一号　由长沙市蔬菜研究所选育而成。植株蔓生，2～4个分枝，第一花序着生2～4节，主侧蔓均开花结荚，花淡紫色。豆荚浅绿色，荚长55～60厘米，横径1厘米，单荚重14克左右。该品种早熟性好，丰产，前期产量占总产量的30%以上。

5. 龙豇23特长豆角　河南省淮滨县蔬菜研究所以当地农家品种突变材料选育而成。株高2.8～3.1米，分枝力中等，以主蔓结荚为主。嫩荚青白色，肉质嫩，纤维少，粗细均匀。该品种中熟，生长期对光照要求不严格，适应性强，较抗花叶病毒和锈病，适宜棚室的秋延后栽培。

6. “901”豇豆 植株生长势较强，蔓生，有分枝，结荚集中，荚深绿色，纤维少，肉厚，长50厘米左右，横径0.7～1厘米。该品种抗病性强。

7. 美国无支架矮生豇豆 河南省民权县蔬菜研究所推广的高产品种。植株矮，株高40厘米左右，节间短，茎粗，茎基部着生3～5个侧枝，每个侧枝着生3～5个花序，花梗直立，顶端着生花蕾陆续开花结荚。荚长30～40厘米，品质佳，鲜食口感性好。该品种适应性广，抗旱，耐热，并具有较强的抗锈病、抗叶斑病的能力，是一个优质、高产、高效益的矮生豇豆品种。

8. 寿县糙豇豆　安徽省寿县地方品种。株高 33 厘米左右，节间短，从第四节起抽生花轴开花，荚长 27 ~ 33 厘米，深绿色，纤维少，品质佳。

9. 方选矮豇豆　河南省方城县蔬菜研究所选育而成。株高50 ~ 60 厘米，节间短，分枝 4 ~ 5 个，荚长 50 厘米左右，横径 1. 2 厘米，单荚重 20 ~ 30 克，肉厚、质嫩，耐贮运。该品种耐旱，耐热，适应性广，丰产。

10. 白籽无架豇豆　江苏省涟水县石湖良种研究会推广的新品种。植株粗壮，高 55 厘米，茎直立，花白色，嫩荚前期浅绿色，后期乳白色，肉厚，甜脆可口，无纤维，耐老化，荚长 55 ~ 60 厘米。该品种早熟，耐高温，抗逆性强。

适宜设施栽培的豇豆品种很多，如宁豇一号、高产 4 号豇豆、4-1豇豆、杜豇、贵农 79041 豇豆、杨早豇 12、长身白、红嘴、秋丰、张塘、一线青等优良品种，也可就近选用，这里不再介绍。

目前矮生豇豆很少进行设施栽培，蔓生豇豆 667 平方米播种量为 1. 5 ~ 2 千克。

二、育苗

（一）播种前的准备

1. 苗床准备　在育苗设施内，按一定方向做 1 ~ 1. 2 米宽、10 厘米高的平畦，整平畦面。日光温室内可做南北延长畦，长度为从北部通路至前底脚，最好在前底脚处留出 50 厘米的防寒带，种植耐寒蔬菜。

2. 营养土准备　蔬菜育苗的目的是为了培育出根系发达、茎叶健壮的秧苗，因此必须配制营养土。一般情况下，营养土的配制应就地取材，主要由田园土和腐熟的农家肥组成。田园土最好选用比较肥沃的大田土或前茬为葱蒜类的土壤，农家肥应选用充分腐熟的厩肥（又叫圈粪），如有草炭和腐叶土更好。配制原料选定后，要打碎，过筛，按照1∶1的比例均匀混合在一起，如果土壤中速效肥料不足，可加入0.1%～0.2%的过磷酸钙或0.1%的复合肥，一般不用氮素肥料。

为了减少土壤的带菌量，防止苗期时某些侵染性病害的发生和发展，配制的营养土一定要消毒。一般可用五代合剂即70%五氯硝基苯与65%代森铵按1∶1比例混合使用，每平方米5～8克，混入细土15～25千克，拌匀，切忌药量过多，以免发生药害。也可用福尔马林（甲醛）熏蒸消毒，用福尔马林（甲醛）（40%甲醛溶液）加水配成100倍液向营养土上喷洒，每千克福尔马林（甲醛）喷洒4000～5000千克营养土，喷后拌匀，用塑料薄膜覆盖，闷2～3天，以充分杀死土壤中的病菌，然后揭开晾1～2周，待土中药气散尽后使用。

3. 容器准备　由于豆类蔬菜根系再生能力弱，需要保护根系，除了利用塑料钵育苗外，还可以自制容器，即用废旧的塑料薄膜或旧报纸按照直径为8～10厘米、高10～13厘米做成育苗筒，备用。

4. 种子准备　播种前一定要精选种子。因为在同一品种中，粒大且饱满的种子成熟度高，不仅苗齐、苗壮，而且花芽分化好，产量相对较高，因此，选用粒大、饱满、无病虫害的新鲜种子，是获得高产的基础。

为了杀死种子表面的附带病菌，可用1%福尔马林（甲醛）溶液浸泡20～30分钟，然后用清水投洗干净后准备播种，也可用种子重量0.3%的50%福美双可湿性粉剂拌种后播种。

由于豆类蔬菜种子的种皮较薄，组织不够致密，所以不宜浸种或浸种时间不宜过长，一般不超过6小时。浸种期间投洗1～2次，捞出沥干后放到洁净的容器中，上面盖干净的湿布，置于温度为20~25℃的环境处催芽。催芽期间，每天用温水（25℃左右）投洗两次，待胚根初露时即可播种，也可以只浸种不催芽。也有的将精选后的豇豆种子，用75℃热水烫5分钟，然后加入冷水，水温达到25~28℃时浸泡4~6小时，捞出种子，晾后即可播种。由于豇豆的胚根对温、湿度比较敏感，为避免伤根，不进行催芽。

为了促进根瘤菌的发生，播前再用0.5%硫酸铜溶液浸泡1小时即可。

（二）播种

首先将配制好的营养土装入育苗容器中，压实，要求距上口3厘米左右，然后摆到苗床里，尽量靠紧，少留缝隙，摆好后再用细的湿土将缝隙盖严。浇足水，水渗后，每钵播3粒种子，芽朝下呈“品”字形摆放，覆盖2厘米左右的疏松床土。对于日光温室冬春茬及大棚春茬栽培的，播种后再覆盖一层塑料薄膜，以利保温保湿，促进出苗。

（三）苗期管理

1. 菜豆的苗期管理

（1）温度管理　菜豆属喜温性蔬菜，在温度管理上，既要考虑其能否正常生长，又要考虑是否有利于根瘤的着生。

日光温室冬春茬及塑料大棚春提早栽培的菜豆，在播种后出苗前，要加强保温，以提高苗床温度。一般白天温度为20~25℃，夜间15℃左右，但不低于8℃。当有70%左右的幼苗出土时撤掉薄膜，防止高温烤苗。待子叶充分展开时开始降温，白天温度为15~20℃，夜间10~15℃，以防秧苗徒长。第一片真叶展开时，适当提高温度，白天温度为20~25℃，夜间15~20℃，以利于根、茎、叶的生长及花芽分化。当温度高于25℃或低于15℃时，花芽分化不良，高于28℃时进行通风，气温降到23℃时闭风。定植前一周降温炼苗，白天15～20℃，夜间10～15℃，最后1～2天，夜温可降到5～10℃，以增强幼苗的抗逆性。

日光温室秋冬茬及塑料大棚秋延晚栽培的菜豆，苗期正处于高温多雨季节，所以在温度管理上，要加大通风量，延长通风时间，除顶部外，四周都要卷起薄膜通风，使温度保持在30℃以下，否则要采取遮阴措施。

（2）水分管理　菜豆育苗期间，不需经常浇水，一般根据幼苗长势及容器中营养土的干湿程度确定是否浇水，发现叶片下垂时就要补充水分。采取普遍浇水与个别浇水相结合的方式，促使幼苗生长整齐一致。定植前2～3天普遍浇1次水，促进“水根”的发生，定植时脱下容器不散坨，缓苗也快。

另外，在育苗过程中，因育苗容器过小或需延长苗龄而出现徒长时，可适当加大苗间距离，调整高矮苗的位置，以保证幼苗的正常生长。

2. 豇豆的苗期管理　豇豆喜温耐热，苗期管理基本同于菜豆，只是在温度管理上比菜豆高3～5℃。

（四）壮苗标准

菜豆、豇豆利用容器育苗不移植，一次成苗，历时25～30天。其标准为：株高10～15厘米，茎粗0.5～0.6厘米，叶片数为4片，色浓绿而有光泽，植株尚未拔节为宜。

三、定植

（一）整地施基肥

及时清理前茬作物的残株，每667平方米撒施充分腐熟的有机肥5000千克，过磷酸钙10～20千克，草木灰50千克，深翻25～30厘米，使土粪充分混匀，耙细整平，做垄或做畦。垄作，行距50～60厘米，也可大小行定植，大行60～70厘米，小行50厘米。畦作，宽1～1.2米，每畦栽植两行。

（二）菜豆的定植

1. 定植时期　由于生产设施及栽培茬口不同，定植时期也不同，但总体上看，一般要求日光温室的地温稳定在15℃以上，夜间不低于13℃，气温在25℃以上，夜间不低于10℃时定植；秋冬茬在菜豆幼苗3叶1心，播种后25天左右时定植，或直播栽培。塑料棚的10厘米地温稳定通过10℃以上，气温不再出现0℃以下时定植。

2. 定植方法与密度　在畦面或垄台上开10～15厘米深的沟，脱下营养钵，按30～40厘米株距将苗坨摆入沟内，培土后顺沟浇定植水，栽苗深度以苗坨上表面与畦（垄）面相平为宜。不论畦作还是垄作，可以先铺膜后打孔栽植，也可边栽苗边铺膜，挖孔引苗。但是膜面要拉紧，两边及膜孔要封严。利用小拱棚栽培菜豆，一般1米宽的畦栽两行，坡距25～30厘米；垄作栽植的坡距同于畦作。栽完苗浇足定植水，插好拱架覆盖薄膜，四周封严。

日光温室每667平方米栽3000～3200穴，计6000～6400株，塑料大棚每667平方米栽3700穴，计7400株；小拱棚栽4500～5000穴，计9000～10000株。

菜豆定植最好在坏天气刚过、好天气刚开始的晴天上午进行，以利于缓苗。

(三) 豇豆的定植

1. 定植时期　塑料棚及日光温室定植豇豆的温度下限是地温稳定通过15℃，气温稳定在12℃以上，夜间气温高于5℃以上。

2. 定植方法与密度　豇豆的定植方法同于菜豆。

四、定植后的管理

(一) 冬春茬及春提早菜豆定植后的管理

定植初期以保温为主，密闭棚室以利缓苗，白天温度保持25～30℃，夜间15～20℃。3～5天缓苗后适当降温，白天保持15～20℃，夜间12～15℃，防止秧苗徒长，进行中耕松土，提高地温，促进根系生长。

开始抽蔓时，逐渐升温，但不可过高，白天温度为20～25℃，夜间15～20℃。在此期间仍进行中耕松土，并培垄，以促进基部发生侧根，一般每6～7天进行1次。

植株抽蔓后，要做好插架或吊蔓工作。如果吊蔓栽培，要注意引蔓绳的上端不要绑在棚室的骨架上，而应在定植行的上部另设固定铁丝，距棚面30厘米以上，以防菜豆的茎蔓、叶片封住顶部，影响光照，同时还会造成高温危害。

菜豆在开花前，一般不进行追肥、浇水，以免茎叶徒长，发现干旱可少量浇水，进行促根控秧。随着植株的生长，开始进入结荚期，白天温度保持22～25℃，夜间15～20℃。当第一花序上的豆荚达3～5厘米长时开始追肥浇水，每667平方米随水追施尿素15～20

千克，或大粪水1000千克以上。结荚盛期需勤浇水追肥，保持土壤湿润，每采收1次浇1次水，水量可酌情掌握，两水中间追1次肥，667平方米施尿素10~15千克，过磷酸钙10千克，硫酸钾5千克。若用0.01%的钼酸铵溶液进行喷洒，可提高菜豆的产量。

塑料大棚春提早栽培的菜豆，进入结荚盛期时，外界气温不断升高，可逐渐加大通风量，当外界最低气温达15℃以上时昼夜通风。

结荚后期，及时打老叶、黄叶、病叶，使其通风透光良好，促进侧枝萌发和潜伏芽开花结荚。

（二）小拱棚短期覆盖菜豆管理

小拱棚菜豆定植后，密闭不通风，高温、高湿条件下促进缓苗。由于小拱棚空间小，升温快降温也快，晴天棚内温度可超过30℃，夜间外温下降后棚内温度只比外界高2~3℃，但是因定植时已浇足定植水，棚膜内表面布满水滴，可有效地防止烤伤叶片，10厘米地温下降缓慢，使菜豆生长不受太大影响。

缓苗后选南风天，揭开薄膜进行松土培垄，一般开花前不浇水，但可追肥1次，667平方米追施硫酸铵15~20千克，然后覆盖薄膜。若温度超过25℃，开始通风，20℃时闭风。通风时，先从小拱棚的一侧顺风通风，随着气温的升高，通风量逐渐加大，通风时间逐渐延长，揭开小拱棚的两端通风，若温度还降不下来，再从中间开口通风。当外界温度完全适合菜豆生长发育要求时，选择早晨、傍晚或阴雨天，撤下小拱棚，进入露地常规管理。

因为矮生菜豆结荚早，追肥、浇水应及早进行，所以撤棚前追1次肥后，浇水应及时跟上，促进结荚，提高产量。

（三）冬春茬及春提早豇豆定植后的管理

定植后3~5天内，密闭保温，以利缓苗，缓苗后适当降低温度，白天温度保持20～25℃，夜间15℃以上。开花结荚期温度保持25～30℃，35℃时开始通风，29℃时闭风。对于春提早栽培的豇豆，到了开花结荚期，外界气温逐渐升高，当气温稳定通过20℃时，要逐渐加大通风量，并延长通风时间，直到将薄膜全部撤除。

在水肥管理上，除了浇足定植水外，开花前一般不浇水，但要及时中耕松土，促进根系生长。当第一花序坐住了荚果，以后又相继出现几节花序时，开始浇水、追肥，促使豇豆多开花、多结荚。初期可采用穴施，667平方米追施尿素10～15千克，复合肥10～15千克，随后浇水，干湿适宜时浅锄地并培土。待第一荚果采收前，第二、第三个荚果开始伸长，中上部花序出现时，再进行1次施肥、浇水。以后随着荚果的采收，不再控制浇水，每10～15天浇1次水，并顺水追施磷酸二铵10千克，保持植株健壮和旺盛的开花结荚能力。中上部花序开花结荚期间，除了正常的施肥浇水外，还可进行叶面喷肥，如喷施0.2%～0.3%的磷酸二氢钾。

除了以上管理外，还要做好植株调整及插架或吊蔓工作。植株长到30～35厘米时，要及时插架或吊蔓，从生产上看，吊蔓栽培不仅通风透光良好，而且费用低。一般是在垄的上方沿拱架固定一根铁丝，根部插上短竹竿，把塑料绳绑在竹竿与铁丝上，伸蔓后，将蔓盘绕在撕裂膜上，每5～7天盘绕1次，吊蔓宜在晴天的中午或下午进行。为促进早熟，主蔓第一花序以下萌生的侧蔓一律打掉，第一花序以上的叶芽及早摘除，以促进花芽生长。如果是主侧蔓同时结荚，第一花序以上的侧枝留1～2片叶摘心，促发侧枝上花序的形成。在主蔓长到快接近棚面时摘心，同时对中上部萌生的侧枝也要摘心，以促进主、侧蔓上的花芽发育、开花、结荚。

（四）秋冬茬及秋延晚豇豆定植后的管理

秋冬茬及秋延晚豇豆定植后的管理与春茬豇豆基本相同，所不同的是在温度管理上，定植初期要加强通风降温，使温度维持在适宜豇豆生长发育的范围内。生育后期，外界气温降低时，要加强保温，尽量使白天温度保持在30℃，夜间不低于15℃，同时只要土壤干湿适宜，应尽量减少浇水次数，防止温度下降过多，影响开花结荚。

五、病虫害防治

（一）病害防治

1. *菜豆炭疽病* 该病是菜豆栽培中的常见病，分布广，危害大，多发生在潮湿地区。从幼苗到开花结荚的整个生育期都可能发病，豆荚在贮运期间仍能继续受害。

【症状】幼苗感病后，首先在子叶上出现红褐色近圆形的病斑。幼茎上最初生成许多锈色小斑点，随着茎的伸长，病斑扩大成条状锈色斑，凹陷和龟裂，使幼苗折倒枯死。在嫩茎上，病斑由褐色小点扩大后呈长圆形，长1厘米左右，病斑中心呈黑褐或黑色，边缘淡褐色至粉红色。

成株感病时，在叶片上，病斑多沿叶脉开始发生，呈黑色或黑褐色多角形的小斑点或小条斑。在未成熟的豆荚上，产生褐色小点，扩大后病斑直径可达1厘米左右，长圆至近圆形，中心红褐色，边缘淡褐色至粉红色。豆荚成熟后病斑色泽较淡，边缘隆起，中心凹陷以至穿过豆荚而扩展至种子。种子上病斑呈不规则形，黄褐色至深褐色。

【发病条件】病原菌以菌丝状态在种子上或土壤病残体组织上越冬。种子上的病菌可存活两年以上，播种后可直接危害子叶和幼茎，引起初侵染，在病部表面产生分生孢子进行再侵染。病菌借风、灌溅水、昆虫、农事操作传播，由伤口、植株表皮侵入，潜伏期一般4～7天。低温、高湿利于发病，发病的最适温度为17～22℃，湿度接近100%。当温度低于13℃、高于27℃且湿度低于92%时，很少发病。另外低洼、黏重土壤、连作地块、栽培密度过大等都可能加重病害的发生。

【防治方法】选用无病种子，建立无病种子田。播种前进行种子处理，可用种子重量0.2%的50%多菌灵可湿性粉剂或50%四氯苯醌可湿性粉剂拌种，或用福尔马林（甲醛）200倍液浸种30分钟，然后洗净晾干后播种。加强田间管理，控制好温、湿度，增强光照，适时采收。

发病初期喷洒75%百菌清可湿性粉剂600倍液，或70%甲基托布津可湿性粉剂500倍液，或80%炭疽福美可湿性粉剂800倍液，或65%代森锌可湿性粉剂500～700倍液，或等量式波尔多液200～240倍等，每7天1次，连喷2～3次。

实行轮作，及时清除病残体，用50%代森铵1000倍液对棚室、架材进行消毒，也是病害防治的重要措施。

2. 菜豆根腐病　又叫枯萎病，全国各地发生很普遍，是菜豆的主要病害之一。从幼苗期到采收期都可发病。

【症状】感病初期症状不明显，仅表现植株矮小，到开花结荚期才逐渐表现出来。开始发病时，病株下部叶片变黄，从叶片边缘开始枯萎，但不脱落。感病植株容易拔起，拔出病株可以看到主根上部及茎下部都呈黑褐色，稍凹陷，切断根茎可见维管束变为暗褐色，侧根很少或已腐烂。当主根大部分腐烂时，植株枯萎死亡。在潮湿的环境下，植株茎基部产生粉红色霉状物。

【发病条件】病菌以菌丝体和厚垣孢子随病残体在土壤中越冬。腐生性强，可存活多年，因此土壤中的病菌是第二年初侵染的主要来源，种子不带菌。病菌借农具、流水等传播，从伤口侵入。根腐病为土传病害，高温、高湿是诱发该病的主要条件，病菌生长发育的适温为29～32℃，相对湿度为80%。

【防治方法】合理轮作倒茬，实行高畦高垄栽培。采用地膜覆盖，膜下灌水，防止大水漫灌。加强田间管理，增施充分腐熟的优质农家肥，特别注意增施磷、钾肥。发现病株及时拔掉，同时还要进行药剂防治。用种子重量0.5%的50%多菌灵可湿性粉剂拌种。

发病初期，可用70%的甲基托布津800～1000倍液灌根，每株灌250克，7～10天灌1次，也可用40%根腐灵可湿性粉剂400～500倍液，或75%百菌清600倍液，或70%敌克松1500倍液，喷洒植株茎基部，每隔7～10天1次，连喷2～3次。

3. 菜豆苗期猝倒病　菜豆苗期猝倒病发生在地面的叫“小脚瘟”，不能直立而倒伏，有时发病部位在菜豆子叶以下，叫“卡脖子”病，是菜豆育苗期间发生较多的病害之一。

【症状】在幼苗基部或子叶下的茎上，初期产生水渍状病斑，接着病部变成褐色，缢缩成线状开始倒伏。发生在子叶下时，很快歪脖。有时子叶刚刚出土，胚茎已经腐烂染病。苗床初发病时，只见几株幼苗发病，几天后即以此为中心向四周扩展蔓延，最后引起幼苗猝倒。

【发病条件】病原菌是绵腐菌。在高温、高湿的土壤表面，寄主残体和附近床面上长出白色棉絮状菌丝。春季阳畦和育苗密度过大、通风不良时发病严重。

【防治方法】播种前进行床土消毒。播种前12～14天，用福尔马林（甲醛）溶液喷洒床土，喷后覆盖薄膜4～5天，待揭膜药味挥发完即可播种，每平方米用福尔马林（甲醛）40毫升，对水5升。也可用50%多菌灵可湿性粉剂，或70%五氯硝基苯可湿性粉剂，每平方米8～10克，加半干细土0.5～1.5千克，拌成药土，下铺1/3，上盖2/3。也可用75%百菌清可湿性粉剂700倍液，或25%瑞毒霉

800 倍液，或 50% 甲基托布津可湿性粉剂 600 倍液，喷洒幼苗和床面，每 5 ~ 7 天喷洒 1 次。另外，可在苗床上撒少量干土或草木灰，以降低土壤表面湿度，预防发病。

4. 菜豆锈病　是菜豆的主要病害之一，主要危害叶片，也能为害茎和豆荚。

【症状】发病初期，在叶片上产生苍白色小凸起的小斑点，后变成黄褐色，隆起成小疱，扩大到 2 毫米左右，最后病斑表皮破裂形成夏孢子堆，散出红褐色粉末。后期在叶柄、叶、茎及豆荚上长出黑褐色锈状条斑，表皮破裂后，散出黑褐色冬孢子。严重时，茎、叶提早枯死。

【发病条件】北方地区，病菌以冬孢子在土壤中越冬，南方温暖地区，病菌以夏孢子越冬。病菌借气流传播，气温较高（20℃左右）和 95% 以上相对湿度是诱发此病的主要原因。植株上的水滴是病菌萌发、侵入的条件，因此种植过密、土壤过分潮湿时发病较重。

【防治方法】选用抗病品种，合理轮作倒茬。加强环境调控，如适时通风，采用膜下灌溉等，以降低空气湿度。

发病初期及时喷药防治，每隔 10 ~ 15 天喷一次，连续喷 2 ~ 3 次。常用的药剂有：15% 粉锈宁可湿性粉剂 2000 ~ 3000 液浓，50% 萎锈灵可湿性粉剂 800 倍液，40% 敌唑酮可湿性粉剂 4000 倍液，或 25% 敌力脱乳油 3000 倍液，25% 敌力脱乳油 4000 倍液加 15% 粉锈宁可湿性粉剂 2000 倍液，70% 代森锌可湿性粉剂 1000 倍液加 15% 粉锈宁可湿性粉剂 2000 倍液，12.5% 速保利可湿性粉剂 4000 ~ 5000 倍液，或用 25% 敌力脱乳油 4000 倍液加 15% 三唑酮可湿性粉剂 2000 倍混合液效果明显。

5. 菜豆灰霉病

【症状】苗期发病时，子叶呈水渍状变软下垂，以后叶缘长出灰色霉层。成株期发病时，首先从根茎向上 11 ~ 15 厘米处出现纹斑，周围深褐色，中部淡棕色至浅黄色。干燥时病斑表皮破裂成纤维状，潮湿时病斑上生出一层灰色毛霉层。从蔓分枝处侵入时，分枝处形成小渍斑并凹陷，继而萎蔫。叶片受害多从叶尖开始，呈“V”字形向内发展，初期水渍状，淡褐色，也可在中间形成浅褐色斑块，湿度大时病斑上出现灰色霉层。开花结荚期，先侵染开败的花，后扩展到荚果，病斑由淡褐色变为褐色至软腐，表面生灰霉。

【发病条件】病原菌以菌丝、菌核或分生孢子越夏或越冬。越冬的病菌以菌丝在病残体中营腐生生活，不断产生分生孢子，进行再侵染。菌核有较强的抗逆性，存活时间长，一旦温、湿度条件适宜，即长出菌丝或孢子梗，直接侵染植株，传播为害。此菌可随病残体、水流、气流、农具及衣物等传播，腐烂的病果、病叶、病卷须、败落的病花落到健康部位即可引起发病。菌丝生长适温 13～21℃，病菌产孢的温度范围 1～28℃，最适温度为 21～23℃，湿度大时传播病害，一般达 90% 以上。孢子发芽最适温度为 13～29℃，但湿度必须达 95% 以上。该病侵染一般先削弱寄主病部的抵抗力，随后引起腐烂发霉。因此在日光温室和塑料大、中棚内，只要具备高湿和 20℃左右的气温，灰霉病极易流行，侵染速度快，为害时期长。

【防治方法】加强棚室温、湿度的管理，注意通风排湿。及时摘除病叶、病荚并带到室外销毁。

当出现零星病叶时，应开始喷药防治，常用药剂有：50% 速克灵可湿性粉剂 1000～1500 倍液，或 50% 农利灵可湿性粉剂 1000～1500 倍液，或 60% 扑霉灵可湿性粉剂 600～800 倍液，或 50% 灰霉王 500～800 倍液，或 65% 万霉灵 1000～1500 倍液，70% 菌核净 800～1000 倍液，或 50% 扑海因可湿性粉剂 1000～1300 倍液，每隔 7 天喷 1 次，连喷 2～3 次。

为降低棚室湿度，也可用灰霉净烟剂熏烟防治，每周 1 次，连用 2～3 次，或用 5% 的万霉灵进行喷粉，每 667 平方米喷粉 1.5

千克。

6. 菜豆菌核病

【症状】发病时，多从近地面茎基部或第一分枝处开始受害。初为水渍状，逐渐形成灰白色，皮层组织发干崩裂，呈纤维状。空气湿度大时，在茎的病组织中腔部分有黑色菌核。蔓生菜豆从地茎基部发病，可以使整株萎蔫死亡。

【发病条件】病菌在病残体上、堆肥中及种子上以菌核越冬，不产生分生孢子。该病易在比较冷凉潮湿的条件下发生。适温5～20℃，最适温度15℃，空气相对湿度为100%，持续时间16～24小时。菜豆在棚室栽培，低温、阴雨、通风量小、植株柔嫩的情况下，极易发生菌核病。

【防治方法】选留无病种株并对种子进行消毒处理，以杀死种皮的菌核。合理轮作倒茬，深翻土壤并用敌克松做土壤处理，每667平方米用量1.5千克。及时清除病叶、病株及田间杂草。采用地膜覆盖栽培，合理施肥。

避免偏施氮肥；发病初期结合清除病株喷洒农药，每10～15天喷1次，连喷3～4次。常用药剂有：25%多菌灵可湿性粉剂400～500倍液，50%甲基托布津可湿性粉剂500倍液，40%菌核净可湿性粉剂1000～1500倍液。

7. 菜豆细菌性疫病

【症状】叶片感病从叶尖或叶缘开始，初呈暗绿色，油渍状小斑点，扩大后呈不规则形，病部变褐而干枯、薄而半透明状，周围出现黄色晕圈，并溢出淡黄色菌脓，干燥后呈白色或黄色菌膜。严重时叶片上的病斑相连，全部枯萎、破碎。嫩叶受害时变成扭曲状，皱缩脱落。茎部发病时，病斑呈红褐色溃疡状条斑，中央凹陷，当病斑围茎一周时便萎蔫死亡。豆荚发病时，病斑呈圆形或不规则形，红褐色，最后变为褐色，中央稍凹陷，有淡黄色菌脓，严重时全荚皱缩。种子受害时种皮也出现皱缩。

【发病条件】病原细菌的菌体均系短杆状。随病残体在土壤或种子上越冬，成为初侵染源，借风、雨、昆虫传播，经气孔、水孔或伤口侵入，引起茎叶发病。温度在24～32℃，叶面有水滴是发生此病的重要条件，此外肥水不足、偏施氮肥、密度过大、大水漫灌等都容易诱发此病。

【防治方法】选用抗病品种。注意通风降低湿度。播种前进行种子消毒。

发病初期可喷药防治，每10天1次，连续喷2～3次。常用的药剂有："401"抗菌剂800～1000倍液，硫酸链霉素或农用链霉素3000～4000倍液，77%可杀得可湿性微粒粉剂500倍液，14%络氨铜水剂300倍液等。

8. 菜豆红斑病　主要危害叶片和豆荚。

【症状】叶片感病时，病斑近圆形或不规则形，有时沿叶脉发展，病斑2～9毫米，红色至褐红色，病斑背面密生灰色霉层，病叶正面和背面都生有霉层。豆荚感病时，初期形成较大的红褐色斑，病斑中心黑褐色，后期密生灰黑色霉层，失去商品价值。

【发病条件】病原菌以菌丝体和孢子在病残株上越冬，成为翌年的侵染源，高温、高湿有利于病害的发生和流行。

【防治方法】选无病株采种，播种前进行种子消毒。及时清理病残株体，收获后深翻并撒施50%多菌灵可湿性粉剂，每667平方米1.5千克。

发病初期用65%代森锌可湿性粉剂500～600倍液，或75%百菌清可湿性粉剂600倍液，每6～7天喷1次，连续喷洒2～3次。

9. 豇豆煤霉病　又叫叶斑病，是棚室豇豆栽培发生严重的一种病害，主要危害叶片，严重时危害蔓、荚。

【症状】发病初期，叶片正反两面产生红色或紫褐色小斑点，扩大后呈近圆形病斑，边缘不明显，直径1~2厘米。潮湿条件下，叶背面病斑出现黑色霉层，叶正面病斑有时也有霉层，造成植株早衰，严重时蔓、荚均可发病。

【发病条件】病菌以菌丝块附着于病残体上越冬，条件适宜时，菌丝块上产生分生孢子，借气流传播进行侵染。此菌发育适温为7~35℃，以30℃为佳，因此高温、高湿时发病严重。

【防治方法】合理密植，增施优质农家肥。及时摘除病叶，减轻病害蔓延。加强环境调控，保持适宜的温、湿度。

及早喷药，压住病势，每5~7天喷1次，连续喷洒2~3次。常用药剂有：1∶1的200倍波尔多液，75%百菌清可湿性粉剂600倍液，65%代森锌可湿性粉剂500倍液，50%托布津可湿性粉剂500倍液，50%多菌灵可湿性粉剂500倍液等。

10. 豇豆花叶病

【症状】苗期感病后，幼嫩叶呈花叶和畸形，植株萎缩，甚至死亡。成株发病时，上部嫩叶褪绿成黄绿相间的花叶，其上散生或沿叶脉生有浓绿色斑，叶片扭曲，叶缘下卷，叶形缩小，生长受到抑制。

【发病条件】豇豆花叶病由花叶病毒侵染所致，毒源主要来源于寄主植物和种子带毒。在生长期主要由蚜虫传播，高温干旱、蚜虫多时发病严重，肥水管理不当、植株长势弱也易诱发此病。蔓生种较矮生种发病重。

【防治方法】选用抗病品种，如之豇28-2。建立无病毒留种田。加强肥水管理，防止植株老化。及早发现并防治蚜虫，发现蚜虫及时喷40%乐果乳油1000倍液，或20%敌杀死菊酯乳油800倍液，或用一熏净熏杀效果很好。

豇豆花叶病发生后，可用病毒A加硫酸锌300倍液，或病毒灵（河南荥阳第一化工厂产）600倍液喷洒，每7~10天喷洒1次，连喷3~4次。也可在发病期喷洒0.1%~0.5%的磷酸二氢钾，并注意施肥浇水，这样可减轻损失。另外，在发病期喷洒豆浆（0.5千克黄豆打浆，对水50升），也有一定的防治效果。

11. 豇豆轮纹病

【症状】主要危害叶片、茎及果荚。叶片受病时，初期生浓绿色小斑，扩展呈褐斑，斑面有明显的赤褐色同心轮纹，俗称“鸡眼病”，上有少量霉层。茎感病初期，呈浓褐色不规则条斑，后绕茎扩展，致病斑以上枯死。果荚病斑呈紫褐色，有轮纹，荚面病斑稍凹陷。

【发病条件】病原菌是豇豆尾孢菌，可在土壤中、病残株体、种子上存活，借风雨传播。高温、高湿条件、栽培密度大、局部存水等是发病的主要因素。

【防治方法】改善栽培条件，加大通风量，适当加大株行距。及时摘除病叶。

发病初期及时喷药，每7~10天喷1次，连喷2~3次。常用药剂有：77%可杀得可湿性粉剂500倍液，70%甲基托布津可湿性粉剂1000倍液，80%代森锌可湿性粉剂600倍液，75%百菌清可湿性粉剂700倍液。

此外，豇豆还容易感染锈病，防治方法可参考菜豆锈病。

（二）虫害防治

1. 蚜虫　俗称腻虫，主要以成蚜和若蚜群集在嫩叶背面、嫩茎、嫩荚、花及豆荚上吸食汁液。叶片受害后形成斑点，造成叶片卷缩，严重时植株死亡或不结荚。

高温干旱条件下利于蚜虫发生，温度为22~26℃，空气湿度低于75%极易发生。

【防治方法】及时清除杂草，收获后深翻土壤。

发现蚜虫时及时喷药防治，可选用的药剂如下：50%避蚜雾（抗蚜威）可湿性粉剂2000～3000倍液，21%灭杀毙乳油6000倍液，20%速灭杀丁乳油2000～3000倍液，2.5%功夫乳油3000倍液，2.5%天王星乳油3000倍液，还可用22%敌敌畏熏烟剂熏蒸，每667平方米用量500克，分放4～5堆，点燃后密闭3小时，杀蚜效果很好。

2. 豆荚螟　主要危害菜豆、豇豆的叶片、花及豆荚。卷叶或蛀入荚内取食幼嫩的种粒，荚内及蛀孔外堆积粪粒。受害豆荚味苦，不能食用并引起腐烂。花序及嫩梢受害后造成落花、枯梢，影响结荚。

豆荚螟以老熟幼虫在寄主附近结茧越冬，以幼虫蛀荚为害，温度为28℃，相对湿度为80%～85%时易发生。

【防治方法】定期清除落花、落荚及被害叶片、豆荚。在幼虫蛀荚前及时喷药，从现蕾开始，每隔10天左右喷花蕾1次。常用药剂有：21%灭杀毙乳油6000倍液，50%杀螟松乳油1000倍液，25%菊乐合剂3000倍液，苦楝素200倍液等，也可设黑光灯诱杀成虫。

3. 豇豆小地老虎　又叫“地蚕”，主要以幼虫在表土层或地表为害，寄主主要是幼苗。小地老虎的幼虫，在3龄前将幼苗叶片吃成网状孔，4龄后开始咬断幼苗嫩茎，造成缺苗断垄和大量植株死亡。

小地老虎以蛹和老熟幼虫在土壤中越冬。1～2龄幼虫多集中在心叶和嫩叶上啃食叶肉，3龄后的幼虫为害最凶，主要在夜间活动。

【防治方法】及时清除杂草，减少产卵场所和食料来源。毒饵诱杀4龄以下的幼虫，每667平方米用炒香的麦麸5千克拌90%美曲膦酯（敌百虫）10克，水300毫升，撒在行间诱杀。发现小地老虎时，可用90%美曲膦酯（敌百虫）1000倍液，或杀螟松乳油1000倍液，每隔5～7天喷洒1次，连续喷3～4次。也可用黑光灯和糖醋药液诱杀成虫，或人工捕杀幼虫。

4. 豆野螟　又叫豇豆荚螟，大豆卷叶螟，以幼虫蛀食豇豆、菜豆、扁豆、刀豆等表面少毛的豆科植物的花蕾、豆荚，造成大量落花、落荚，影响产量和品质。

豆野螟以蛹在土中越冬，高温、高湿时危害严重。

【防治方法】参考防治豆荚螟所用药剂和剂量。

5. 温室白粉虱　又叫“小白蛾子”，属同翅目粉虱科，是保护地蔬菜生产中的一种主要害虫。以幼虫、成虫的针状口器吸食植物汁液，由于个体群集数量大，大量吸食造成叶片失绿，萎蔫，甚至死亡。同时幼虫和成虫还能排出大量蜜露，引起煤污病的发生，污染叶片和果实，另外还可传播病毒病。

温室白粉虱在保护地栽培时，各虫态均可越冬。成虫是唯一活泼的虫态，对黄色具有强烈的趋性，喜欢群集在植株上部嫩叶背面产卵，可两性生殖，也可孤雌生殖。温度在25～30℃时适合成虫活动。幼虫蜕一次皮后，足和触角退化，不再移动而营固定生活，幼虫共3龄。

【防治方法】合理安排茬口，清除杂草，减轻危害。培育无虫苗，育苗前用敌敌畏等药剂熏蒸灭虫，并将育苗室与生产温室分隔开来。通风口设置尼龙纱网，避免外来虫源飞入温室。采用黄板诱杀成虫，育苗地块设置涂有黄色机油的黄板（1米×0.1米），每667平方米32～34块。人工释放丽蚜小蜂。

发现白粉虱时及时喷药，喷药最好在早晨进行，先喷叶面，后喷叶背。一般5～7天喷1次，连续喷3次左右。常用的药剂有：25%扑虱灵乳油1500～2200倍液，2.5%天王星乳油（联苯菊酯）2000倍液，25%灭螨猛（甲基克杀螨）乳油1000～1500倍液，20%速灭杀丁乳油1000倍液，2.5%功夫乳油5000倍液，21%增效氰马乳油4000倩液，20%灭扫利乳油2000倍液等。另外，还可用22%敌敌畏熏烟剂于收工前熏蒸，效果很好，每667平方米0.5千克。

第二节 荷兰豆

一、品种选择

目前，荷兰豆品种很多，但是专用于保护地栽培的品种还是空缺，通常用于露地生产的品种，一般都可在棚室栽培，以下品种仅供参考。

1. 阿拉斯加　亦称小青荚，上海市郊区栽培面积大。株高100厘米，分枝3~4个，第一花序在9~14节。花白色，嫩荚绿色，荚长6厘米，宽1.5厘米。种子小，干后呈黄色。该品种抗寒、不耐热。

2. 食用大荚　广东地方品种。株高2.1~2.5米，分枝性强，茎粗叶大，花有白色、紫色两种，第一花序在17~19节。嫩荚淡绿色，长12~14厘米，宽3~4厘米，单荚重12.5克。荚表面凹凸不平滑，纤维少、品质佳。该品种耐寒力及抗白粉病能力差。

3. 晋软1号　山西农业大学选育而成。株高2~2.5米，节间长，分枝性强。小叶2对呈黄绿色。主蔓从17~19节开始开花，可结荚9~11个，侧蔓结荚5~7个。嫩荚黄绿色，呈剑形，扁直或稍弯曲，口感甜脆，品质好。属于晚熟种，适宜保护地栽培。

4. 台湾11号　台湾省育成，于1984年经香港引入大陆栽培的早熟型品种。株高1.5～2米，分枝性强。花为白色，略带紫色。嫩荚青绿，扁平稍弯，长6～7厘米，宽1.5厘米，软荚率达98%。纤维少，质脆香甜，品质好，耐贮运。种子光滑，粒较小，黄白色。该品种耐寒，不耐热。

5. 脆甜软荚80-11　株高180厘米，单株分枝4～5个。花白色，青荚肥厚，双荚率高，种子绿色皱皮。该品种抗病，较耐寒，适应性广，品质好，全生育期208天。

6. 极早熟豌豆　北京郊区栽培较多，茎矮生、直立，株高15～22厘米，节间短，株型紧凑，分枝弱，叶小，深绿色。花白色，嫩荚绿色，中等大小。种子圆形，无皱缩，在棚室栽培播种50～55天可采收嫩荚。花期集中，属于早熟品种。

7. 溶糖　引自美国，矮生种，较早熟。株高70～80厘米，生长势较强，花紫红色。嫩荚绿色，长11～12厘米，宽2.5厘米左右，荚肉肥厚，味甜，脆嫩，单株结荚12～13个。种子乳白色，春播后75天左右采收嫩荚。

8. 绿珠　中国农科院品种资源所从国外引入的优良种。株高40厘米左右，茎直立，每株分枝2～3个，结荚6～10个。嫩荚绿色，长约8厘米，宽1.3厘米，为硬荚种。该品种早熟，适宜北方地区栽培。

9. 京引8625　从欧洲引种的品种中选出，属矮生种。株高60～70厘米，1～3个分枝。第一花序在7～8节，花白色，嫩荚圆形，肉厚爽脆，长6厘米左右，宽1.2厘米。该品种适应性强，适于棚室栽培。

10. 京引92-1　引自日本，属矮生种。株高70～80厘米，分枝2～3个。第一花序在5～9节，花白色，嫩荚圆形，粒大肉厚。该品种抗白粉病，耐湿、耐寒。

此外，还有京引 92–2、中豌 4 号、中豌 5 号、中豌 6 号等优良品种，也适于棚室栽培。

荷兰豆的播种量，矮生种 667 平方米 15 千克左右，蔓生种 7.5 ~ 10千克。

二、育苗

(一) 播种前的准备

荷兰豆的播前准备工作大体与菜豆、豇豆相同，不同的是，荷兰豆的种子在播前要进行低温处理，以促进花芽分化，降低花芽节位，提早开花、提早采收，增加产量。其处理方法是：先用 15℃ 温水浸种 2 小时，浸种期间，翻动种子，使种子充分吸水，种子发胀后捞出，放在容器内催芽，温度保持 25 ~ 28℃，中间每 2 小时投洗 1 次，直至露出胚芽，然后在 0 ~ 2℃ 低温条件下处理 10 天以上即可取出播种。一般在 20 天范围内，处理时间越长，降低花序着生节位，促进早开花的效果越明显。

(二) 播种

基本同于菜豆、豇豆。

(三) 苗期管理

播种后温度管理范围以 10 ~ 18℃ 为宜，此时出苗快、出苗齐，而且苗壮。如果温度低，应加强保温；温度过高，白天达 30℃ 左右时，虽然出苗快，但难保全苗，所以应适当遮阴降温。子叶期温度宜低，以 8 ~ 10℃ 为宜，从幼苗期到定植前，温度以 10 ~ 15℃ 为宜。定植前 5 ~ 10 天要降温炼苗，以利荷兰豆完成春化过程，保持 2℃ 左右的低温。荷兰豆育苗期间一般不间苗，塑料钵育苗应注意及时浇水，防止过于干旱，要干湿适度。

（四）壮苗标准

荷兰豆棚室栽培的适龄壮苗要达到 4～6 片叶，茎粗，节间短，无倒伏现象。

三、定植

（一）整地施基肥

整地施基肥与菜豆、豇豆相同。做成 1 米或 1.5 米宽的畦，一般 1 米宽的畦密植一行，或者隔畦与耐寒叶菜类套作时，一畦栽双行，1.5 米宽的畦密植双行。

（二）定植

一般设施内土温稳定在 8℃以上，短期内最低温度不低于 0℃时定植荷兰豆为最佳。

在已做好的畦内，按照行距开 12～15 厘米深的沟，按照一定的株距顺水栽苗，水渗后覆土。1 米宽的畦单行密植时，穴距为 15～18 厘米，667 平方米栽 3000～3600 墩，如隔畦与耐寒叶菜类间作时，穴距为 15～18 厘米，667 平方米栽 6000～7000 墩。1.5 米宽的畦双行密植时，穴距为 21～24 厘米，667 平方米栽 4500～5000 墩。

四、定植后的管理

（一）冬春茬及早春茬定植后的管理

1. 水肥管理　定植时浇足定植水后，一直到现花蕾前一般不浇水追肥，以中耕松土为主，促进根系生长，控制地上部生长。现蕾后开始追施肥料，667 平方米追施复合肥 15～20 千克，表土见干时中耕保墒，具有控秧促蕾作用，以利多开花。第一花结成小荚，第二花刚凋谢，是荷兰豆进入盛荚期的标志，此时肥水齐攻，一般 10～15 天结合浇水追 1 次肥，667 平方米追施三元复合肥 15～20 千克。

2. 温度管理　从定植到现蕾开花前，白天以 25～28℃为宜，温度高时，及时通风调整，夜间不低于 10℃。进入结荚期后，白天以 15～18℃，夜间 12～14℃为宜，最低不低于 5℃，否则会引起落花落荚。

3. 立支架和植株调整　当荷兰豆植株出现卷须时，就要立支架。一般用竹竿插成单排篱壁架，每米立一根竹竿，因荷兰豆蔓多又不能自行缠绕，可在竹竿上每 0.5 米距离拉一道绳子或细铁丝，使植株互相攀缘，再及时用细绳束腰固定。

当植株超过 15 节时，可在晴天摘心，促进侧枝的发生。为了防止落花，在花期用 30 毫克/升防落素，进行叶面喷肥，以提高开花结荚率。

（二）秋冬茬荷兰豆定植后的管理

秋冬茬荷兰豆种植方法有两种，一种是育苗移栽，另一种是直播。秋冬茬苗期正处于高温多雨季节，多数地区秋季幼苗有一段时间露地生长，针对以上特点，在管理上应注意以下几点：

1. 适宜深播　为防止干旱或雨拍，穴播后宜封堆覆盖，使种子上面覆土厚度达 8～9 厘米，待将出苗时或大雨拍后，刮去堆上 3～4 厘米厚的土，以利出苗。其株行距参照冬春茬。

2. 注意扣棚膜时间　为使秋冬茬荷兰豆顺利完成春化阶段，幼苗必须经受低温过程，在 2～5℃条件下处理 5～10 天，扣膜宜在经过低温后进行。但不宜扣得过晚，以防遇到大寒流冻坏幼苗。扣棚后注意大通风，防止出现 25℃以上的高温，使荷兰豆幼苗慢慢适应设施内的环境条件。

3. 水肥管理要及时　秋季高温要防止干旱，应及时浇小水，开花前不进行追肥，扣膜开花后，可参照冬春茬、早春茬的管理技术，并灵活进行。

第六章

温室大棚特种蔬菜优质高产栽培技术

第一节 香椿

香椿又叫山椿，虎目树、香椿芽等，楝科香椿属，为多年生落叶乔木。香椿主要食用其幼嫩的茎叶。香椿的原产地是我国中部，已有很长的栽培历史，分布地区主要在我国的南温带和亚热带地区。

如今，由于香椿作为蔬菜越来越受欢迎，其种植的区域越来越广，栽培技术也越来越完善，如现在推广的实生苗繁殖技术、香椿芽苗生产技术、矮化技术等。

香椿的口味清香独特，所含营养非常丰富，被称为“树上蔬菜”。香椿可以全株入药，是一种天然的消炎良药，能够起到广谱抑菌作用，对肺炎、膀胱炎、伤寒、痢疾等都有辅助治疗作用。还可抑制蛔虫在肠道的寄生，香椿富含维生素 E，对不孕症有一定治疗作用。而且香椿生长比较快，产量较高，病虫害较少，栽培前景比较广阔。

一、香椿品种

1. 红香椿　红香椿属于紫香椿类型。初生的芽为深红棕色，嫩叶呈皱缩状，当叶片展开后叶子变成为羽状复叶，前端的小叶边缘为浅棕红色，呈皱缩状、有光泽，剩下的为绿色。

嫩芽比较脆嫩，多叶，渣少而且香气浓郁，味甜，没有苦涩味，芽薹和复叶柄比较粗壮。按照质量指标评排在第1位。二年生苗木的主干是绿色，三至四年生幼树的主干呈棕褐色，形状为圆形及长圆形混生。树龄在20年以上的大树，其主干比较圆满、通直，干皮呈黑褐色，纵裂较浅，且有平滑感。整个树冠呈卵圆形，侧枝则向上斜伸，木材为红褐色，属于芽、材兼用的品种。当土壤湿润且肥沃时，生长非常快。红香椿的种植主要分布在山东、河南和陕西南部和江苏徐淮地区。

2. 红叶椿　红叶椿的芽在初生时，芽薹和嫩叶都呈棕褐色，看起来比较鲜亮，小叶叶脉明显下凹，经过8~10天就能长成商品芽，红叶椿的外形看起来与红香椿十分相似，但是其鲜亮程度处在红香椿和褐香椿之间。

等到“立夏”时，芽薹的尖端和该处的复叶尖端4~5对小叶呈棕褐色，剩下的均为绿色，小叶的背面呈棕褐色。红叶椿的嫩芽脆嫩多汁，味甜香气比红香椿的淡。按照质量指标评比排在第2位。二年生的苗木主干呈绿色，皮孔为白色，呈圆形，非常细，秋梢的皮孔为矩圆形，呈淡棕色，排列较密但是不规则。大树干的皮呈暗灰褐色，纵裂较强，有平滑感，主干比较低，分杈早。红叶椿的种植范围比较广，像山东、山西、陕西、河南、河北等地都有种植，其中主产区在山东博山和阳信。

3. 黑油椿　黑油椿的芽初生时，芽薹和嫩叶呈紫红色，8~13天长成商品芽。复叶下部的小叶表面呈墨绿色，背面呈褐红色，芽薹的向阳面为紫红色，阴面为绿色，小叶较肥厚，但呈皱缩，等到“立夏”时芽薹上部约1/3处和该处的复叶都呈紫红色。黑油椿脆嫩多汁、嫩芽肥壮，味甜无渣且香气特浓，按质量指标评比排在第3位，原属安徽省太和县的农家品种，现在山东省泰沂山区也有种植。

二、香椿栽培

（一）育苗

在温室内育苗必须高度密植，空间小而且用苗量大，适宜将其培养成矮化多头的壮苗。如果是在露地保护地内则用种子播种，为了防寒，在播种后可支小拱棚，管理一定要精细；或者在2月上中旬，于温室或大棚内的阳畦进行播种。将苗床进行整地施肥，然后再浇水，将催芽种子进行点播，播种完毕后将薄膜覆盖在上面，白天苗床的温度要保持在约25℃，等到出苗时将薄膜去掉。到齐苗后可将温度适当降低，白天温度保持在20～23℃，夜间温度保持在13～15℃。可进行1～2次间苗，等长出3～4叶时将苗分到苗床，长到7～8叶时将其移栽到苗圃。用平畦栽苗，株距为25～30厘米。行距为30～40厘米，不要将苗木摘心，注意培养成独杆苗，适宜温室栽种。

（二）栽植和管理

香椿开始落叶一般在10月中旬至11月上旬，为防止受冻，当顶芽开始进入休眠状态时要及时起苗，挖苗时要留根大约20厘米。将苗木植于沟中，将根埋入土中并浇水，将株上盖上草包可以防冻，保证低温在10℃以下，让叶中的养分回流到茎芽中，休眠期半个月左右即可完成。11月在日平均温度达到3～5℃时将其栽入温室。栽植时先要挖低畦，方向按照南北方向，畦宽为150厘米，畦埂高20厘米，宽30厘米，将苗木按照南矮北高的顺序进行密植，培土约20厘米厚，防止倒苗。放好苗木后，在每畦中施2.5千克尿素，浇上足够的水，再盖上15～20厘米的土，一直埋到根上的5～10厘米，再浇水。过20天后再盖上塑料薄膜，使苗木顺利度过休眠期，开始正常生长。

完成封膜后，室温渐渐开始升高，刚开始白天保持在15～22℃，夜间在10℃左右，经过40～50天后即可萌芽。萌芽后白天温度保持在18～24℃，夜间温度保持在13～15℃。椿芽着色时的温度在22℃以上，当温度超过了28℃时，在晴天的中午可以进行通风，时间在2～3小时。到12月中下旬，如果室内的最低温降到了4～5℃时，或者香椿还没有萌芽迹象时，可以用火炉生火来提高温度。在栽后的10～15天和每次进行采收前的3～5天要给苗木喷水，为保持空气的湿润，可再向空中喷水，湿度最好保持在60%～70%。第一茬香椿收割后进行追肥，以后每次收割后，都要进行喷肥或浇稀肥水。

（三）采收

当香椿芽长到20厘米左右长、且颜色呈红褐色时即可进行采收，春节前后为第一茬香椿的采收期，之后还可收3～4次，每隔15～20天收1次，一般在露地香椿上市前结束。

在采收时，由于温室内的香椿比较娇嫩，为防止将树体和芽损伤，千万不要用手掰，可以用剪刀或者快刀将芽头削下。结束采收后，开始揭膜炼苗。炼苗后将其挖出移栽到露地上，根据上年的管理方法再进行施肥浇水，等到冬季再将其放入温室培育。

三、病害防治

（一）香椿根腐病

香椿根腐病又叫立枯病。病原菌和发病规律：丝核菌是其病原菌，主要以无性世代繁殖，在高温高湿情况下，也会偶然发生有性世代繁殖。病原菌在排水不良的林地较为多见，一般在土壤中生存、

传播和危害。

【症状】幼苗期，嫩芽会出现芽腐、猝倒和立枯的症状，而在大苗期，根茎和叶片会腐烂，患处的皮层开始呈赭褐色，后来变成黑褐色，导致流水腐烂，很难自愈。有病的植株生长发育十分缓慢，中期会导致落叶。

【防治】苗木不要太密，要适当地进行间苗，及时将病苗除掉，每穴用0.5~1千克的石灰处理根穴，或每穴用3~4千克50%代森锌800倍液进行浇灌。为防止病菌出圃，可对出圃的苗木用0.5%的高锰酸钾溶液或5%的石灰水浸根15~30分钟，然后用清水洗净，进行定植；种植时要选择干燥、排水良好的林地，若发现病株，在晴天可以用1%波尔多液或50%代森铵1000倍液在根基处喷洒，雨天可以在苗间每667平方米撒约75千克的草木灰。

（二）香椿叶锈病

病原菌和发病规律：三孢柄锈菌是其病原菌，主要是同主寄生，没有中间寄主。初夏发生夏孢子，侵染次数较多，冬孢子的发生期主要在在叶片生长后期。通过空气传播，扩散速度比较快。

第二节 食用芦荟

芦荟是属百合科的多年生常绿草本植物，叶肉质且肥厚，芦荟具有美容护肤、健齿的功效，可以杀菌消炎，增强皮肤弹性，预防粉刺，防止雀斑和皱纹，抗衰老，也属药用植物，可治疗疾病，保健功能非常好，深受人们喜爱。

现在，芦荟已经作为名贵的蔬菜被搬上餐桌，其风味独特，菜品柔嫩，被誉为“名贵特菜”，我国部分地区已将其作为新兴绿色蔬菜开始开发种植，前景非常好。

一、芦荟高产栽培

（一）芦荟栽培的最基本条件

芦荟的原产地属于热带，因此怕冷，喜温耐热，若在华北地区栽培必须采用光照条件好、保湿性能高，冬季室温能够保持在5℃以上的温室，如果室温低于5℃，应该采用增温设施，目前，最适宜的温室有节能型日光温室，冬季最低温度在北京不低于8℃。

（二）土壤

进行温室栽培时，应选择土质肥沃、排水良好、疏松的沙壤土。

（三）品种选择

芦荟的种类非常多，已分类定名的就有500多种，但是目前来说可供食用的只有：中国芦荟、库拉索芦荟和上农大叶芦荟等，特别是上农大叶芦荟，是当前的首选品种，其品质好、产量也高。

1. *库拉索芦荟*　又叫蕃拉芦荟或者美国芦荟。茎干较短，须根系，叶在茎顶簇生，排列成螺旋状，叶汁浓肥厚。长30～70厘米，宽4～15厘米，厚度可达2～5厘米，先端比较尖，基部较宽阔；叶子为粉绿色，上有白色斑点，随着叶片的不断生长，斑点也会渐渐消失，叶子的四周长有菜刺状的小齿。花茎为单生，长有两三个分枝，高60～120厘米。总状花序比较散疏，而且花点垂下。

库拉索芦荟是目前应用最广泛的品种，主要的应用领域在美容、药品和食品方面，它的原产地在非洲北部，如今栽培最多的是美洲，另外还有一些国家也有大面积的商业化栽培，如韩国、日本、中国的海南岛、台湾地区。库拉索芦荟主要用于提取原汁。

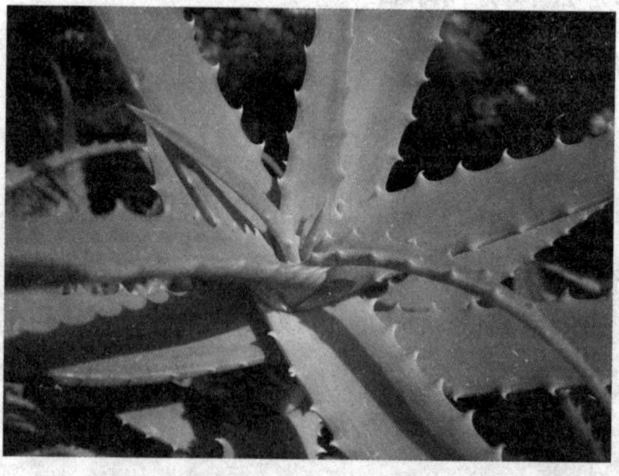

2. 中国芦荟　又叫中华芦荟，它是库拉索芦荟的变种。中国芦荟叶近簇生，茎短，幼苗的叶子成两列，叶面和叶背上有白色斑点。一直到叶子长成后，白斑也不褪。叶子大约长35厘米，宽5～6厘米，植株与翠叶芦荟相似。主要产地在：广东、广西、云南、四川、福建、海南、台湾等省。特征：美容和药用价值很高，嫩叶可以作为芦荟沙拉的原料。

3. 上农大叶芦荟　这也属于库拉索芦荟的变种。叶片上有白色蜡粉，叶色看起来较翠嫩，叶片最长可达85厘米、宽12厘米，叶肉丰厚且没有苦味，上农大叶芦荟的生长速度较快且容易，有很大的开发利用价值。但是，如果是用盆栽则分蘖能力小，主枝不分枝。主要产地在我国的长江中下游地区。

（四）栽种时期

芦荟大多时间都可以在温室栽种，但是在气温最低的时候不宜栽种。

（五）种植方法

芦荟的种植一般是40厘米或者50厘米见方。品种不同，种植的密度也不一样，为提高初期的产量，早期可以进行适当的密植，到了中期进行间拔移栽，在宽1米的畦上种3行，行距为20厘米，等长到20～30厘米时，拔掉中间的1行，剩下的2行再按品字形，每隔一株挖掉一株，最后使成株的行距为40厘米，垂直行距也是40厘米，挖掉的植株应按40厘米见方带土移栽到其他土地上。定点打定植穴后进行种植，按照苗坨面与土表保持水平为最佳，不要让土埋没了最基部的叶片，定植后要浇足水以定根。

（六）田间管理

在给芦荟浇完定根水后，如新根还未长出，就先不要连续浇水，夏天气温较高时每隔5天浇一次水，冬季由于气温低，可以每隔7天左右浇一次水。浇水时要注意，夏季宜早晚浇，冬季宜中午前后浇，每次浇水要浇透。适当地给芦荟追肥能够促进其生长，增加叶片的厚度，主要施腐熟有机质肥料，也可以适量地加入磷钾肥。根据植株大小、生长时期确定施用量，施肥应少量多次。磷酸二氢钾等无机肥浓度应在0.1%以下，有机液肥要稀释6~15倍。浇水后，如果土表发干，应立即进行松土或者培土。为防倒伏，采收后，下部的叶片也要培土。

（七）病虫害防治

1. 虫害　芦荟很少会出现虫害，但是如果发现虫害，如红蜘蛛、介壳虫、蚜虫和棉铃虫之类的害虫，可以用清水进行喷洒冲洗，或用0.5%藜芦碱纯溶液800~1000倍液的植物性农药进行喷雾，能起到很好的效果。但是防治介壳虫应该用毛笔蘸药涂抹。

2. 病害　芦荟一般会发生黑斑病，特别是在低温高湿的环境下极容易发生。其症状表现为在叶片初期病菌侵入，造成叶面上出现丝状的污斑，之后渐渐变成近圆形黑褐色斑，病斑的边缘呈放射状，有黄色晕圈在周围，到了后期，病斑上会出现黑色的疮状颗粒，严重时，会产生紫色至黑色条状斑，而且叶表皮下陷。

防治黑斑病，首先在选择品种时要选用抗病品种，其中花叶芦荟最抗黑斑病。其次，要加强田间管理，温室的最低温不宜在8℃以下，如果室温降低了，应及时采取措施增温。冬季如果温度比较低，应注意通风，尽可能增加光照时间，并减少喷水。第三，在种植时要施足基肥，适当施用0.1%代森锌，或0.1%磷酸二氢钾，或0.1%四硼酸钠，以增加抗病能力。在发病初期可喷施75%百菌清可湿性粉剂800倍液，或70%代森锌可湿性粉剂800倍液，或70%甲基托布津可湿性粉剂800倍液，或“农利灵”等杀菌剂。

在低温期间如果用液剂喷洒，会使室内的湿度增加，因此要加强通风、透气工作。在用塑料膜覆盖的温室进行放风时，应该在当天的气温最高时开放温室顶部的风口通风。

（八）采收

芦荟的叶片的药效与成熟度成正比，成熟度越高，药用疗效就越好。中华芦荟、库拉索芦荟及其品系品种，到完全生长成熟需要种植三年以上，一般是在种植第一年或一年半后为初收期，当芦荟植株下层的叶片比上层的叶片小时，即可采收下层的叶片。

二、芦荟的食用

芦荟的食用方法很多，既能生食，又可以煮熟后食用，而且还耐热，不会因加温而破坏其对人体有益的药效成分。有的芦荟品种苦味较重，用油炒过之后，会减轻苦味，更好入口。芦荟在国外主要用于生食，制芦荟酒和芦荟果汁等。

（一）生食

1. *直接食用鲜叶*　便秘症患者可以用芦荟进行食疗，因为芦荟叶皮下含有有下泻作用的大黄素苦味成分，但是食量最好在 15 克左右；如果是治疗胃肠溃疡，而且自身又是容易腹泻的人，不需要大黄素，将皮削掉即可大量食用。

2. *芦荟沙拉*　选用新鲜的叶子，洗净将皮和刺去掉，然后切成丝，可以配西芹、番茄、黄瓜等，放入调料做成沙拉。

3. *芦荟生食*　不同的芦荟品种所起的作用也不同，要根据其品种决定适宜食用的时间。如中国芦荟和库拉索芦荟，因能够抑制胃酸，适宜饭前食用，如果在饭后食用会减退消化力。

（二）熟食

1. *炒芦荟* 将芦荟洗净后，去掉皮和刺，切成丝，再配上肉丝或鸡蛋以及其他蔬菜炒，或者可以用来炒饭。

2. *油炸芦荟球* 将芦荟丝和洋葱粒、鸡蛋还有面粉等混合后用油炸，即可炸出香喷喷的芦荟球了。

3. *炖、煮芦荟* 不管是炖菜还是炖鱼肉，都可以放几片芦荟片。

4. *芦荟紫菜饭团* 做紫菜饭团时，加上芦荟味道更加独特。

5. *芦荟汤* 做汤时，也可加入去皮切丝的芦荟，味道会更好。

（三）腌渍芦荟

要想品尝清香中带咸味的腌芦荟，应把芦荟的叶肉放在大酱、酱油里腌渍几天，味道独特，能够增加食欲。

第三节 蕨菜

蕨菜也叫蕨儿菜、猫爪、如意菜、龙头菜、鹿角菜等。主要食用从叶芽生长出来尚展开的羽状叶和幼嫩的叶柄。蕨菜的分布范围很广，在温带、亚热带以及热带地区均有生长，多见于荒坡和山坡上。在中国，蕨菜几乎遍布全国各地，在浅山荒坡、沙砾山坡、半山坡和林下草地等随处可见。一般在春夏季生长比较茂盛，在陕西秦岭以南的地区，年产量可达5万吨，最有名的产地主要是内蒙古、辽宁以及河北承德。

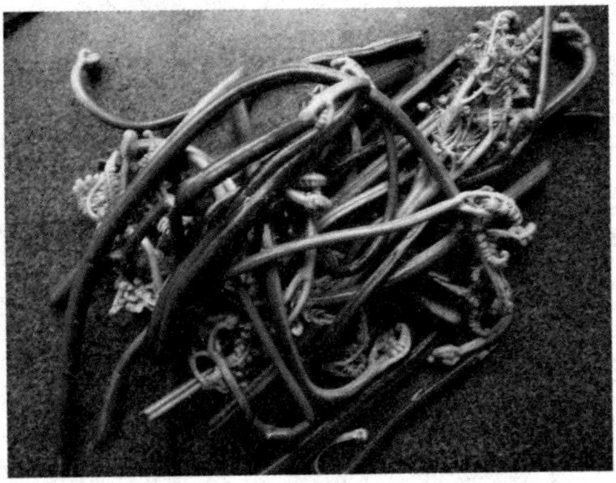

蕨菜作为一种野生蔬菜，以前只是少数采食，近年来，随着市场需要量的增加，开始进行蕨菜的人工栽培。除了国内食用，每年还要大量出口，在国际市场上竞争力比较强。

经过研究，每100克蕨菜的茎叶中，含有碳水化合物10克、蛋白质1.6克、脂肪0.4克、灰分0.4克、钙2.4毫克、铁6.7毫克、磷29毫克、粗纤维1.3克、维生素C 3.5毫克、胡萝卜素16.8毫克、热量209千焦，还有各种含量很高的氨基酸、麦角固醇和胆碱等营养物质。而且，蕨菜的根茎中淀粉含量很高。

蕨菜不仅营养价值高，也有很广泛的用途。春季可以采食其嫩叶、嫩芽或者进行干制腌渍。冬季可将蕨菜的茎挖出，洗净并切成段，将其碾碎后放入加水的桶中，不停地搅拌，待淀粉渗出后，将残渣去掉，经沉淀后将淀粉取出烘干，即制成蕨粉，淀粉含量36.5%，具有很好的滋补作用，既可以代替粮食，又能做成糕点和粉条食用，在纺织工业中可以用来浆纱。蕨粉还能够酿酒，每100千克的蕨粉可酿白酒40～45千克，酒精度为45度。此外，蕨菜植株中含有的纤维可以用来造纸和制绳。蕨菜的茎和叶可治疗泻血症，蕨粉味甘、寒、滑，可入药，具有驱虫、清热解毒、利尿消肿、补气升阳、祛风散寒、回表止汗、托疮排汗、降低血压以及促进细胞更生的功效。

一、蕨菜品种

1. 河北承德蕨菜　蕨菜在河北省属于著名的野生蔬菜，分布面积最广的是承德地区，分布面积约有 3.5 万公顷，年产量可达 1000 吨。

2. 辽宁蕨菜　一般分布在辽宁省的山区，分布最广、数量最多的是东部山区，辽宁蕨菜一般用于向日本及其他国家出口，目前，也逐渐在国内市场畅销。主要出口腌制的蕨菜，蕨菜经腌制之后，不仅可以作成菜使用，还能够用清水浸泡，将咸味去掉后，与新鲜蕨菜没什么两样。

3. 内蒙古蕨菜　内蒙古蕨菜遍布全区，赤峰市、锡林郭勒盟、呼伦贝尔盟、兴安盟是其主要产区。年产量可达 200 吨，芒种至夏至为采集期。

4. 黑龙江蕨菜　黑龙江蕨菜主要分布在海拔 200～800 米的高山地带，大多与豆科杂草混生，采收期一般在 6 月上旬。黑龙江还有可供使用的其他蕨类的野生蔬菜，如野鸡脖子、猴腿、黄瓜香等。

二、蕨菜栽培

蕨菜无论是在田地，还是在不同类型的棚室，都能进行人工栽培，根据不同的情况可以选择不同的栽培方式。用塑料大棚进行蕨菜的栽培，能够使蕨菜供应不断，可提高经济效益。进行棚室栽培，应注意以下几点。

（一）整地与栽植

在每亩地施优质腐熟圈肥5000千克。栽植时理顺根系、尽量不伤根系，保持根系的完整，栽后浇1次水，水要浇透。

（二）扣棚及管理

扣棚膜一般在土壤封冻前，适宜的温度在20℃左右，如果温度在30℃以上，要及时放风。此时不要在苗畦内浇水，只需严格地控制温度，约半个月后，温度即可控制在25℃。

（三）采收

从扣棚到萌芽一般需要20天的时间，萌芽后再过10～15天就可进行第一次采收。采收的原则是嫩叶未展开时为最佳，每隔7天，即可采收1次。

三、蕨菜的加工与出口

我国出口的加工过的蕨菜分为两种，即腌制和干制。以下是对蕨菜进行腌渍的技术过程。

1. 原料选择　选择新鲜的蕨菜，最好是在春季采掘的，长度在20厘米以上，外形粗壮、没有虫蛀为最佳。

2. 处理　将蕨菜的老根去掉，然后进行扎把，扎把时要按照出口标准，即长度在20厘米以上，每把直径5～6厘米，重量为250～260克。

3. 盐渍　在缸底撒上一层约2厘米厚的盐，然后再一层蕨菜一层盐的整齐排列放好。等到排满后，上面再撒上3厘米厚的盐层，使盐的重量为蕨菜重量的 30%。最后在最上面放上一块干净无异味的木板，然后再压上大石头。

4. 二次盐渍　第一次盐渍要用 7 ~ 10 天，然后再倒缸，实行二次盐渍。把蕨菜倒在另一缸中，将上面的翻到下面，再按盐渍菜重量 15% 加盐。还是一层蕨菜放一层盐，在最上面再撒上 2 厘米厚的盐，同时注入 22% 浓度的过滤盐水，再盖上木板，压上石头，经过 10 ~ 15 天后即可包装。

5. 装桶　装桶前，先用 22% 的盐水将盐渍菜冲洗一遍，将杂质去掉，沥净水，然后放入桶中，在桶中衬有两层无毒塑料袋，上面再撒一层盐，再灌满 22% 过滤的盐水，扎紧两层塑料袋，将空气排出、桶盖盖紧，即可上市或置于阴凉处保存。